Stephen R. Covey · Bob Whitman
Führen unter neuen Bedingungen

Stephen R. Covey · Bob Whitman

Führen unter neuen Bedingungen

Sichere Strategien für unsichere Zeiten

Unter Mitarbeit von Breck England

Aus dem Amerikanischen von Ingrid Proß-Gill

 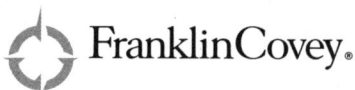

Die amerikanische Originalausgabe »Predictable Results in Unpredictable Times«
erschien 2009 bei FranklinCovey Publishing, Utah, USA.
Copyright © 2009 FranklinCovey Company

Bibliografische Information der Deutschen Nationalbibliothek
Die Deutsche Nationalbibliothek verzeichnet diese Publikation
in der Deutschen Nationalbibliografie; detaillierte bibliografische
Daten sind im Internet über http://dnb.d-nb.de abrufbar.

ISBN 978-3-86936-050-8

Lektorat: Claudia Franz | www.text-it.org
Umschlaggestaltung: Martin Zech Design, Bremen | www.martinzech.de
Satz und Layout: Das Herstellungsbüro, Hamburg | www.buch-herstellungsbuero.de
Druck und Bindung: Salzland Druck, Staßfurt

www.gabal-verlag.de
www.franklincovey.de
www.franklincovey.ch
www.franklincovey.at

Inhalt

Vorwort zur deutschen Ausgabe

Der Originaltitel dieses Buchs »*Predictable Results in Unpredictable Times*« beschreibt eine entscheidende Herausforderung für Führungskräfte zu Beginn des 21. Jahrhunderts: Wie kann man unter schwer vorhersagbaren Umständen trotzdem zuverlässig Ergebnisse erreichen?

Beim Thema Führung geht es heute ja nicht mehr darum, auf ruhigem Wasser Ruderboot-Mannschaften nach genau definierten Regeln gegen die Konkurrenz-Boote anzutreiben.

Vielmehr müssen Führungskräfte mit ihren Teams in Schlauchbooten durch unberechenbare Wildwasser navigieren. Die Gefahren hinter der nächsten Kurve können nur bewältigt werden, wenn alle blitzschnell, flexibel und furchtlos agieren, mit einem klaren Blick auf das gemeinsame Ziel.

Dieses Buch zeigt Ihnen vier hochwirksame Führungskompetenzen für schwierige Zeiten, mit denen Sie sicher Resultate erzielen. Unsere Erfahrungen aus der Praxis bestätigen uns, dass damit schnell Ergebnisse zu erreichen sind.

Viel Erfolg beim Anwenden!
Alexandra Altmann

Geschäftsführerin
FranklinCovey Leadership Institut GmbH
Deutschland I Schweiz I Österreich
www.fuehren.franklincovey.de

Führen unter neuen Bedingungen

*»Dem Ungewissen sind wir nur ausgeliefert, wenn wir
zulassen, dass es uns im Griff hat. Über das, was wir tun,
haben wir immer die Kontrolle.«*
NASSIM NICHOLAS TALEB

Jeden Sommer treten die besten Radfahrer der Welt in farben-
prächtigen Trikots gegeneinander an. Die Tour de France gilt
als härtester Test für menschliche Willenskraft und Ausdauer
aller Zeiten.* Am Anfang ist die Strecke relativ flach und das
Fahrerfeld bewegt sich geschlossen voran. Manche Fahrer setzen sich an die Spitze, andere nutzen den Windschatten, aber
alle bleiben zusammen. Doch dann kommen die Berge – und
hier trennt sich die Spreu vom Weizen. Das Wetter ist völlig
unberechenbar. Selbst im Juli sind eisige Temperaturen und
Hagelschauer in den Alpen keine Seltenheit. Und in der Fels-
wüste des legendären Mont Ventoux kann es so heiß werden,
dass den Fahrern ein Hitzschlag droht. Wenn die Radprofis un-

---

* Wir sind uns bewusst, dass die Tour de France und andere Sportveranstal-
tungen derzeit von Dopingskandalen überschattet werden. Wir sind strikt
gegen Betrug in jeder Form, das gilt selbstverständlich auch für Doping.
Natürlich kennen wir nicht alle Fakten. Trotzdem sind die Profi-Radteams
»in den Bergen« unserer Ansicht nach ein sehr gutes Beispiel für Erfolg
unter extremen, unvorhersehbaren Bedingungen.

ter extremen Bedingungen Tausende von Metern in die Höhe klettern, wird das Feld gesprengt. Viele sind so erschöpft, dass sie nicht mehr mithalten können. Manche Mannschaften fallen weit zurück und die Spitzenteams übernehmen die Führung.

Auch Ihr Team, Ihr Unternehmen oder Ihre Organisation wird immer wieder mit extremen Bedingungen, steilem Terrain oder dramatischen Wetterumschlägen zu kämpfen haben. Niemand weiß, was ihn hinter dem nächsten Berg erwartet. Die Zukunft könnte uns Krisen bringen, die einschneidender sind als alles, was wir bisher erlebt haben. Wir stehen zweifellos vor großen Herausforderungen.

> Die Tour de France ist eine Sache für Teams – die Mannschaften, die verlieren, schaffen es nicht, ihre Strategie diszipliniert umzusetzen.

In schwierigen Zeiten zeigt sich, wer wirklich gute Führungsfähigkeiten besitzt. Herausragende Führungspersönlichkeiten sind anders. Sie halten sich an Prinzipien, die uns selbst in ungewissen Zeiten Sicherheit geben. Sie wissen, dass die Welt nicht vorhersehbar ist, erzielen aber trotzdem vorhersehbare Ergebnisse.

Wie schaffen sie das?

Bevor wir uns mit dieser Frage beschäftigen, sollten wir erst mal überlegen, warum bei der Tour so viele Fahrer in den Bergen zurückfallen oder sogar ausscheiden. Klar ist: Ihnen fehlt es nicht an Kraft oder Können. Die Teilnehmer sind absolut fit, sonst wären sie ja gar nicht dabei.

Die Tour de France ist eine Sache für Teams. Die Mannschaften, die verlieren, schaffen es nicht, ihre Strategie effektiv umzusetzen. Wer gewinnen will, muss sich darauf verlassen können, dass jeder im Team seinen Job gut und absolut zuverlässig macht. Die Mannschaften dürfen ihr Ziel nie aus den Augen verlieren und müssen jede Gelegenheit nutzen, weiter nach vorn zu kommen. Ohne gegenseitiges Vertrauen ist das nicht möglich.

Aus unserer langjährigen Erfahrung mit Tausenden von Unternehmen und Organisationen aus der ganzen Welt wissen wir, dass fehlende Disziplin »in den Bergen« die entscheidende Schwachstelle ist. FranklinCovey hat die Disziplin von 17 000 Teams, die über 300 000 Menschen umfassten, untersucht. Wir haben Interviews mit Leuten aus 5000 dieser Teams geführt. Dann wurden die Ergebnisse mit Daten zu den Finanzen, den Betriebsabläufen und der Kundenloyalität von ähnlich strukturierten Organisationen verglichen. So konnten wir ermitteln, wodurch sich die wahren Leistungsträger auszeichnen – worin die Lance Armstrongs sich von der breiten Masse der Fahrer unterscheiden.

Vier Risikofaktoren in schwierigen Zeiten

Wie die Teams bei der Tour de France haben auch Unternehmen in turbulenten Zeiten mit vier großen Gefahren zu kämpfen:

- Schwierigkeiten bei der Umsetzung der Strategie,
- Vertrauenskrisen,
- Verlust der Fokussierung auf das Ziel,
- weitverbreitete Ängste.

Schwierigkeiten bei der Umsetzung der Strategie: Unternehmen machen sich viele Gedanken über die Krise und entwickeln eine geeignete Strategie, um die schwierigen Zeiten zu meistern. Die entscheidende Frage ist jedoch: Kann und wird das Team die Strategie auch umsetzen? Manche in der Organisation verstehen die Strategie und setzen sie sehr gut um. Andere dagegen verstehen sie nicht und werden sie wahrscheinlich auch nie begreifen. Und dann gibt es noch die breite Masse – die Leute im Mittelfeld. Sie könnten viel mehr zum Teamerfolg beitragen, wissen aber gar nicht, wie sie das machen sollen.

Vertrauenskrisen: In unsicheren Zeiten sinkt das Vertrauen auf den Nullpunkt. Finanzmärkte brechen ein, überall wittern die Menschen Lug und Betrug. Die Mitarbeiter verlieren das Vertrauen in ihr Unternehmen. Auf einer mit Schlaglöchern übersäten Straße drosseln alle ihr Tempo.

Verlust der Fokussierung auf das Ziel: Weniger Ressourcen bedeuten weniger Mitarbeiter und mehr Unsicherheit. Die Leute müssen immer mehr Aufgaben übernehmen. Doch wer zu viel auf einmal macht, verliert ganz schnell sein Ziel aus den Augen.

Weitverbreitete Ängste: Wirtschaftliche Krisen ziehen psychologische Krisen nach sich. Die Leute haben Angst, ihre Arbeit zu verlieren, ihre Rücklagen fürs Alter, vielleicht sogar ihr Zuhause. Das alles belastet sie. Und es verursacht Kosten in den Unternehmen. Denn gerade dann, wenn es wichtig wäre, dass die Mitarbeiter sich voll einbringen, sind sie gelähmt vor Angst, verlieren die Motivation und »schalten ab«.

Es ist offensichtlich, dass alle vier Risiken in schwierigen Zeiten gleichzeitig auftreten. Und sie verstärken sich gegenseitig. Eine Vertrauenskrise ruft Ängste hervor, Ängste lähmen, und das gefährdet wiederum die Umsetzung der Strategie. Doch gerade in Krisenzeiten kann es sich keiner leisten, seine Strategie nicht konsequent umzusetzen.

Wenn Sie »in den Bergen« Erfolg haben wollen, müssen Sie diese vier Risiken genau kennen und ihnen richtig begegnen.

Wenn Sie sich an die folgenden vier Prinzipien halten, können Sie die Risiken ausschalten und gewinnen:

- Strategien erfolgreich umsetzen.
- Schnelligkeit durch Vertrauen schaffen.
- Mehr mit weniger erreichen.
- Ängste reduzieren.

Strategien erfolgreich umsetzen: Alle Siegerteams haben langfristige Ziele, die sie immer wieder überprüfen. Zudem gibt es klare kurzfristige Ziele und eine regelmäßige Erfolgskontrolle. Wie bei allen Spitzenteams kennt jeder die Ziele und weiß genau, was er zu ihrer Erreichung beitragen kann.

Schnelligkeit durch Vertrauen schaffen: Bei niedrigem Vertrauen sinkt die Geschwindigkeit und die Kosten steigen. Deshalb werden die Wirtschaft, Ihre Kunden und Ihr Cashflow in Krisenzeiten langsamer. Wenn das Vertrauen aber steigt, wird alles schneller und die Kosten sinken. Unternehmen, die rasch handeln, gehören zu den Gewinnern. »Sie sind beweglich genug, um frühzeitig auf wirtschaftliche Veränderungen zu reagieren oder zumindest mit ihnen Schritt zu halten.«[1]

Mehr mit weniger erreichen: Natürlich versucht jeder, mehr mit weniger zu erreichen. Doch die entscheidende Frage lautet: »Mehr wovon?« Die Antwort ist ganz einfach – es sollte mehr von dem sein, was den Kunden wirklich wichtig ist. Erfolgreiche Unternehmen konzentrieren sich ganz auf den Nutzen für ihre Kunden. Sie sparen nicht nur, sondern sie vereinfachen. Sie verzichten auf die Dinge, auf die ihre Kunden ohnehin keinen Wert legen. Bei ihnen muss sich nicht jeder Mitarbeiter mit unzähligen Aufgaben befassen. Sie konzentrieren sich auf das, was der Kunde wirklich braucht.

Ängste reduzieren: Die Wurzel von psychologischen Krisen ist das Gefühl, dass wir über das, was mit uns geschieht, keine Kontrolle haben. Erfolgreiche Organisationen helfen ihren Leuten, die Hoffnungslosigkeit zu überwinden und sich auf das zu konzentrieren, was sie tun können. Die Ängste der Mitarbeiter beruhen größtenteils auf Unsicherheit. Wenn man ihnen diese Unsicherheit nimmt und ihnen machbare Ziele aufzeigt, kann man Ängste in produktive Energie umwandeln. Dann geben die Leute alles, um die gewünschten Ergebnisse zu erreichen.

Im Leben ist nur eins sicher – dass die Zukunft unsicher ist. Spitzenteams liefern genau wie Spitzenradfahrer konstant herausragende Leistungen, selbst wenn die Bedingungen noch so schlecht sind. Dieses Buch möchte Ihnen zeigen, wie man auch in schlechten Zeiten gute Ergebnisse erzielen kann. Sie können das schaffen, indem Sie sich auf die vier grundlegenden Prinzipien stützen, die wir Ihnen gerade kurz vorgestellt haben. Denn: Diese Prinzipien sind immer gültig und werden Sie niemals im Stich lassen.

Wir haben jedem der vier Prinzipien ein Kapitel gewidmet. Hier zeigen wir Ihnen auch, wie Sie die Prinzipien erfolgreich anwenden. Besonders viel können Sie aus diesem Buch lernen, wenn Sie die Inhalte an andere weitergeben. Sie wissen ja: Der Lehrer lernt immer viel mehr als der Schüler! Deshalb fordern wir Sie am Ende der Kapitel immer auf, sich einen Kollegen, einen Freund oder ein Familienmitglied zu suchen und ihm die Erkenntnisse zu vermitteln, die Sie gerade gewonnen haben. Probieren Sie es doch einfach mal aus. Sie werden sehen, es lohnt sich!

1. Strategien erfolgreich umsetzen

»In flachem Terrain zu gewinnen, ist eine Sache –
in den Bergen zu gewinnen, ist etwas ganz anderes.«
BOB WHITMAN

In Krisenzeiten hängt das Überleben ganz von der Umsetzung ab. Bei der Tour de France kommt die Krise in den Bergen. Das ist der schwere Teil des Rennens, bei dem sich alles entscheidet. Und hier ist das Team im Vorteil, das seine Strategie am besten umsetzt.

Denken Sie nur an das berühmte US-Postal-Service-Team von Lance Armstrong, das die Tour ganze sieben Mal gewann. Es wurde in den Bergen zu einer »unglaublich effizienten Maschine«. Tag für Tag kämpften sich die US-Postal-Profis bei den harten Etappen über die Alpen und die Pyrenäen an die Spitze des Felds. Ein Beobachter sagte:

> Die Krise in den Bergen – das ist der schwere Teil des Rennens, bei dem sich alles entscheidet.

»George Hincapie, einst ein wirklich miserabler Kletterer, zog das Feld auf jeder Etappe die mittleren Anstiege hinauf. Am Fuß des letzten Bergs übernahm dann Floyd Landis die Führung. Er schlug ein so hohes Tempo an, dass das Feld auseinanderfiel. Schließlich übergab er an José Azevedo, dem in den Bergen nur

die allerbesten Fahrer der Welt folgen konnten. Wenn Armstrong sich dann an die Spitze setzte, konnte er sich ganz darauf konzentrieren, die wenigen noch verbliebenen Rivalen abzuschütteln.«

Es ist offensichtlich, dass bei US-Postal jeder im Team seine Rolle genau kannte. Der Mannschaft von Jan Ullrich dagegen blieb »immer nur der zweite Platz«. Ullrich war ein brillanter Fahrer, verlor bei den Anstiegen aber immer viel Kraft. Sein Team verhielt sich oft völlig planlos – auf einer Bergetappe wurde Ullrich sogar von einem seiner eigenen Mannschaftskameraden geschlagen.

Die sieben Siege von Armstrongs Tour-de-France-Team werden vielleicht niemals übertroffen. Ein Kommentator bezeichnete US-Postal als »Beispiel dafür, was eine Organisation durch sorgfältige Planung und überragende Umsetzung erreichen kann«.[2]

Wird man das auch von Ihnen und Ihrem Team sagen können? Vielleicht? Allerdings nur, wenn Sie dasselbe machen wie echte Spitzenteams: Sie müssen dafür sorgen, dass jeder genau weiß, was er oder sie zum Erreichen des Ziels beitragen soll. Und: Sie müssen das Leistungsniveau der »Mitte« steigern.

Weiß jeder, was er zu tun hat?

Die Berge sind der unvorhersehbare Teil des Rennens. Das Gelände und das Wetter ändern sich ständig. Nehmen wir an, dass Ihre Branche in ernste Schwierigkeiten gerät und Ihre Ressourcen bis aufs Äußerste beansprucht werden. Was wollen Sie dann tun?

Sie denken jetzt wahrscheinlich: »Ich habe unser Team auf so etwas gut vorbereitet. Wir haben einen Plan. Jeder weiß, was er zu tun hat.«

Sie sollten sich aber fragen: »Stimmt das wirklich? Kennt jeder das Ziel? Verstehen alle im Team ihre Rolle? Setzen alle Teammitglieder unsere Strategie richtig um?« Von den Antworten auf diese Fragen hängt sehr viel ab.

Die Berge bringen aber auch einen großen Vorteil: Das Ziel wird nun viel klarer, viel einfacher. Auf den Flachetappen kann jeder um eine gute Position kämpfen. Deshalb braucht man ausgeklügelte Strategien, um sich hier an die Spitze zu setzen. Auf den Bergetappen dagegen ist das Ziel ganz einfach: am Leben und an der Spitze bleiben. Dieses Ziel kann man aber nur erreichen, wenn jeder im Team genau weiß, was er oder sie zu tun hat.

In der Krise ist es ähnlich – plötzlich haben alle nur noch ein ganz klares Ziel: den Kapitalfluss aufrechtzuerhalten. Dann rückt sogar die Rentabilität an die zweite Stelle. Jede Organisation braucht Geld, wenn sie nicht untergehen will.

Also entwickelt die Geschäftsführung einen Plan, damit das Unternehmen liquide bleibt. Gewöhnlich umfasst dieser Plan Kosteneinsparungen hier und Rationalisierungsmaßnahmen dort. Doch was passiert dann? Wie vielen Organisationen geht trotzdem das Geld aus? Liegt das daran, dass das Management nicht erkennt, wie wichtig Liquidität für das Unternehmen ist? Oder gibt es einen anderen Grund? Kann man ein Ziel allein dadurch erreichen, dass man es lauthals verkündet?

> Die Berge bringen aber auch einen großen Vorteil: Das Ziel wird nun viel klarer, viel einfacher.

Insgeheim machen sich heute die meisten Führungskräfte Sorgen wegen der Umsetzung. Laut einem Bericht des Conference Board bereitet den CEOs vor allem die konsequente, effektive Umsetzung der Strategie Kopfschmerzen.[3] Vor einigen Jahren fand man diesen Punkt noch gar nicht auf der Liste. Doch die CEOs haben allen Grund, deshalb beunruhigt zu sein.

FranklinCovey hat rund 150 000 Mitarbeiter nach den wichtigsten Zielen ihrer Organisationen gefragt. Aber nur etwa 15 Prozent konnten uns die Ziele nennen. Und von diesen 15 Prozent wussten nur 40 Prozent, was ihre konkrete Aufgabe im Hinblick auf die Ziele ihrer Organisation war.[4]

Das Fazit: Wenn man durch ein Unternehmen geht und dabei 100 Mitarbeiter trifft, kennen nur 15 die Topprioritäten ihrer Organisation. Nur sechs werden wissen, was sie zum Erreichen dieser Ziele beitragen sollen. Sechs von 100 sind aber nicht genug, um Sie über die Berge zu bringen!

Bei Ihrer Organisation ist das anders? Wirklich?!

Wenn Sie zur Geschäftsführung gehören, kennen vielleicht nicht einmal Ihre engsten Mitarbeiter Ihre Topprioritäten. Als man fünf Spitzenmanager eines großen Versorgungsunternehmens aufforderte, die 10 wichtigsten Ziele aufzulisten, gab es nur zwei Übereinstimmungen. Alle anderen Punkte waren völlig unterschiedlich.[5]

Die Geschäftsführung darf einfach nicht davon ausgehen, dass jeder die Topprioritäten der Organisation kennt. Und: Wenn Sie nicht zur Geschäftsführung gehören, sollten Sie sich fragen, ob Sie die Ziele kennen.

Nehmen wir mal an, dass »Geld sparen« als Ziel ausgegeben wurde und dass alle Manager dieses Ziel kennen. Folgt daraus, dass alle wissen, was sie tun müssen, damit es auch erreicht wird? Trägt jeder in der Organisation dazu bei, Geld einzusparen? Kennt jeder seine Aufgaben? Arbeiten alle daran, die Einnahmen zu steigern, die Kosten zu senken und den Geldeingang zu beschleunigen? Oder überlässt man das lieber dem Vertrieb und der Finanzabteilung?

Falls Ihre Organisation dem Durchschnitt entspricht, wird nur ein kleiner Teil der Leute zu der Strategie beitragen, die Berge zu überwinden. Die anderen verstehen weder die Strategie noch wissen sie, wie sie umgesetzt werden kann. Doch genau das ist wichtiger denn je.

In einer Krise ist es unerlässlich, seinen Blick zu verengen. Jeder in der Organisation muss sich mit der Schärfe eines Lasers auf die ein oder zwei Dinge konzentrieren, die nötig sind, um durch die Krise zu kommen und gestärkt aus ihr hervorzugehen.

> Falls Ihre Organisation dem Durchschnitt entspricht, wird nur ein kleiner Teil der Leute zu der Strategie beitragen, die Berge zu überwinden.

Alle Unternehmen, die das schaffen, haben »langfristige Ziele, die sie immer wieder überprüfen, klare kurzfristige Ziele und eine effektive Erfolgskontrolle«.[6]

Wer nach diesen Prinzipien führt, wird vorhersehbare Ergebnisse erzielen – selbst in einem Umfeld, das sich sehr schnell verändert.

Bei den Spitzenunternehmen gibt es, wie bei den Radprofis, ein Umsetzungssystem, das ihnen vorhersehbare Ergebnisse bringt. Robert Kaplan und David Norton, Professoren an der Harvard Business School, schreiben:

> *»Die meisten Organisationen haben Abteilungen für strategisches Management, zum Beispiel für Strategieplanung, Budgetierung, Personalplanung oder Leistungsbeurteilungen. Diese Abteilungen arbeiten aber isoliert und verlieren so enorm an Schlagkraft. Meist schaffen es die Unternehmen nicht, eine Strategie effektiv umzusetzen und die Betriebsabläufe gut zu steuern, weil sie kein übergreifendes Managementsystem für die Verbindung und Integration dieser beiden lebenswichtigen Prozesse haben.«[7]*

Was heißt das genau? Ganz einfach: Auch wenn Sie eine gute Strategie entwickelt haben, wird sie ohne ein entsprechendes Umsetzungssystem nicht funktionieren.

Aber was zeichnet ein gutes Umsetzungssystem aus? Eingehende Untersuchungen von FranklinCovey haben ergeben, dass Spitzenunternehmen vier Dinge tun, die schwache Organisationen nicht machen:

1. **Sie konzentrieren sich auf die absolut wichtigen Ziele.**
   Spitzenunternehmen achten bei ihren Teammitgliedern auf viel mehr Klarheit und Engagement im Hinblick auf die angestrebten Ergebnisse.

2. **Sie sorgen dafür, dass jeder genau weiß, was er zu tun hat, damit die Ziele erreicht werden.**
   Spitzenunternehmen beziehen die Teammitglieder ein, wenn festgelegt wird, wie die Ziele erreicht werden sollen.

3. **Sie messen die Ergebnisse.**
   Spitzenunternehmen übertragen ihre Ziele in konkret messbare Kenngrößen und belohnen die Mitarbeiter, wenn sie die angestrebten Werte erreichen.

4. **Sie fassen oft und regelmäßig nach.**
   Spitzenunternehmen halten oft und in regelmäßigen Abständen Meetings ab, bei denen die Teammitglieder sich gegenseitig Rechenschaft über die erreichten Ergebnisse geben.

Jetzt wollen wir uns diese vier Aktionsschritte mal genauer ansehen.

1. Sich auf die absolut wichtigen Ziele konzentrieren

An einem Abend im Dezember 1972 flog ein Jumbojet der Eastern Airlines in der Dunkelheit Miami an. Alles war völlig in Ordnung. Doch als der Pilot zur Landung ansetzen wollte, merkte er, dass das grüne Lämpchen für das Fahrwerk nicht leuchtete. Der Bordingenieur ging nach unten und überzeugte sich, dass das Fahrwerk ausgefahren war. Die Besatzung im Cockpit hantierte weiter an dem Lämpchen herum und kam zu dem Schluss, dass es wohl durchgebrannt war. Doch niemand hatte bemerkt, dass das riesige Flugzeug schnell an Höhe verlor.

> In schwierigen Zeiten wie diesen können wir es uns nicht leisten, unser Hauptziel aus den Augen zu verlieren.

Ein Mann, der in den Everglades Frösche fangen wollte, war als Erster an der Absturzstelle. Es gab über 100 Tote und unzählige Verletzte, die in dem schwarzen Sumpf um Hilfe riefen.

Was war die Ursache für den Absturz?

Die Crew hatte sich von einer durchgebrannten Glühbirne ablenken lassen und nur für ein paar Minuten ihr wichtigstes Ziel aus den Augen verloren: die sichere Landung.[8]

In schwierigen Zeiten wie diesen können wir es uns nicht leisten, unser Hauptziel aus den Augen zu verlieren. Wenn Organisationen zu viele oder unklare Ziele haben oder die Mitarbeiter sich ablenken lassen, können sie ihre Topprioritäten nicht umsetzen. Auch das wollen wir uns jetzt einmal genauer ansehen.

Es gibt viel zu viele Ziele. Organisationen sind komplex und entwickeln Pläne, die Tausende, oft völlig bedeutungslose Ziele beinhalten. Doch in Krisenzeiten hat es fatale Folgen, wenn Sie Ihren Blick trüben und sich mit unzähligen unwichtigen Zielen befassen. Die Topprioritäten sind die, die Sie unbedingt erreichen müssen, weil sonst alles andere ohnehin keine Rolle mehr spielt. In wirklich schwierigen Zeiten könnte Ihr einziges Ziel darin bestehen, Ihr Unternehmen über Wasser zu halten.

Eins ist klar: Wenn Sie nur ein Ziel haben, sind Ihre Chancen groß, es wirklich gut umzusetzen. Wenn Sie zwei Hauptziele haben, halbieren Sie Ihre Chance. Bei drei Zielen werden Ihre Chancen noch schlechter. Ja, es ist ganz einfach – je mehr Ziele, desto geringere Umsetzungschancen.

Orit Gadiesh, Vorstandsvorsitzender der Strategieberatungsfirma Bain, sagt: »Kein Unternehmen kann erfolgreich sein, wenn es seine Kräfte auf zu viele Ziele verteilt. Wer Erfolg haben will, muss sich auf die entscheidenden Punkte konzentrieren – meist sind das nicht mehr als drei, höchstens fünf Dinge.«[9]

Es gibt keine klaren Ziele. Viele Organisationen können ihre Ziele nicht erreichen, weil niemand sie wirklich kennt. Wir haben mit Tausenden von Managern und Mitarbeitern gesprochen, die die Ziele ihres Unternehmens nicht klar benennen konnten. Wenn es überhaupt Ziele gibt, werden sie viel zu ungenau formuliert: »Energie sparen«, »den Online-Umsatz steigern« oder »der führende Anbieter werden«. Für vage Ziele werden sich die Leute aber nicht richtig einsetzen.

> Wenn Ihr Erfolg von einem entscheidenden Ziel abhängt, lohnt es sich, dieses Ziel klar zu definieren.

Wenn Ihr Erfolg von einem entscheidenden Ziel abhängt, lohnt es sich, dieses Ziel klar zu definieren. Das geht allerdings nur, wenn genau festgelegt wird, wie der Erfolg gemessen werden soll. Die beste Messgröße ist die Antwort auf folgende Frage: »Von X zu Y und bis wann?« Wie viel Energie verbrauchen wir momentan und wie viel müssen wir bis zum Jahresende einsparen? Wie hoch ist unser Online-Umsatz jetzt und wie weit müssen wir ihn in diesem Quartal steigern? Was heißt es, der »führende Anbieter« zu werden? Wo stehen wir im Augenblick im Vergleich zum Marktführer? Wie groß ist die Lücke, die wir schließen müssen? Und wie viel Zeit haben wir dafür?

Die Mitarbeiter lassen sich von den Zielen ablenken. Wie oft wird in der Organisation ein wichtiges neues Ziel groß angekündigt? Und wie schnell geht die Begeisterung für dieses Ziel in der Hektik des Alltags unter? Wie viele Pläne wurden schon von der Flut des »täglichen Trotts« verschlungen?

Nehmen wir mal an, dass es Ihr wichtigstes Ziel ist, liquide zu bleiben, und dass Sie alle aufgefordert haben, ihren Beitrag dazu zu leisten. Das heißt, dass die Mitarbeiter nun noch eine zusätzliche Aufgabe übernehmen müssen, obwohl ihre Arbeit sie ohnehin schon ziemlich auf Trab hält. Dazu werden Ihre Leute nur bereit sein, wenn Sie ihnen klarmachen, wie wichtig dieses Ziel ist, und Ablenkungen so weit wie möglich ausschalten.

Doch gerade in schlechten Zeiten gibt es besonders viele und große Ablenkungen. Die Flutwelle wird zum Tsunami. Weil ein Teil des Personals abgebaut werden muss, haben die restlichen Mitarbeiter viel mehr zu tun. Wenn die Wirtschaftslage sich verschlechtert, türmen die Ablenkungen sich zu einem wahren Berg auf. Und die Angst um den Arbeitsplatz und die Altersversorgung und das allgegenwärtige Misstrauen machen es noch schwerer, sich auf ein Ziel zu konzentrieren.

> In schlechten Zeiten gibt es besonders viele und große Ablenkungen.

In den folgenden Kapiteln werden wir uns eingehend mit diesen Ablenkungen beschäftigen. Im Augenblick sollten Sie sich einfach bewusst machen, dass die Konzentration auf die

Ziele bei Ihrem Team ausgerechnet dann ausbleiben wird, wenn es am Allerwichtigsten wäre.

Ein gutes Umsetzungssystem muss zunächst einmal sicherstellen, dass alle die Schlüsselziele kennen. Die Arbeit der Führungskräfte muss damit beginnen, die Ziele herauszufiltern und den Mitarbeitern so zu verdeutlichen, dass wirklich alle wissen, worum es geht. Zudem sollte es höchstens drei gut definierte Ziele geben – je weniger, desto besser. Nur so ist die Konzentration auf das Wesentliche möglich.

Es ist die Aufgabe der Führungskräfte, Ablenkungen zu beseitigen oder wenigstens auf ein Minimum zu reduzieren. Sagen Sie Nein zu unwichtigen Prioritäten. Belasten Sie die Leute in Ihrem Team nicht mit belanglosen Aufgaben. Geben Sie ihnen den Freiraum, um ihre überquellenden To-do-Listen zusammenzustreichen. Machen Sie ihnen den Weg frei, damit sie die Schlüsselziele erreichen können.

2. Dafür sorgen, dass jeder genau weiß, was er zu tun hat

Ein riesiger himmelblauer Frachter fährt langsam von Kopenhagen nach Bremerhaven. Die *Eugen Maersk*, eines der größten Frachtschiffe auf den Weltmeeren, ist 400 Meter lang. Ihre Schiffsschraube ist über ein Drittel länger als ein Fußballfeld! Wenn man das Empire State Building neben die *Eugen Maersk* legen könnte, wäre es rund 15 Meter kürzer. Im Laderaum der *Eugen Maersk* ist Platz für 11 000 Container.

Die *Eugen Maersk* befindet sich jedoch in stürmischen wirtschaftlichen Gewässern. In guten Jahren platzt sie fast aus allen Nähten und die Eigner müssen sogar Aufträge ablehnen. In Krisenzeiten dagegen ist das Schiff nicht einmal halb voll. Wie kann man mit so starken wirtschaftlichen Schwankungen zurechtkommen?

Schon bei ruhiger See ist es eine höchst anspruchsvolle Aufgabe, die riesige *Eugen Maersk* sicher in den Zielhafen zu steuern. In Meerengen oder bei Sturm erfordert das jedoch fast übermenschliche Konzentration und eine unglaublich präzise Umsetzung der Strategie. Der Himmel verdunkelt sich, der Wind wird immer stärker, die Fahrrinne immer schmaler. Die Besatzung ist hervorragend ausgebildet. Alle sind ein eingespieltes Team. Jeder weiß genau, was er zu tun hat, um für die Sicherheit des Schiffs zu sorgen. Und die *Eugen Maersk* erreicht sicher den Hafen.

In Kopenhagen bemühen sich die Eigner der *Eugen Maersk*, es genauso zu machen. Die Maersk Line ist die größte Containerschiffsreederei der Welt. Wenn man in den wirtschaftlichen Stürmen nicht untergehen will, muss man die Betriebskosten möglichst gering halten. Dieses Ziel und die entsprechenden Messgrößen kennt jeder bei Maersk. Deshalb werden auf der *Eugen Maersk* keine Servietten benutzt, sondern Papiertücher. Und die Führungsspitze von Maersk legt großen Wert darauf, dass jeder im Team weiß, wie sein ganz konkreter Beitrag zum Erreichen dieses Ziels aussieht.[10]

Das Besondere: Die Führungskräfte haben dieses Ziel zwar festgelegt. Aber sie geben nicht vor, wie es erreicht werden soll. Hier ist das Team gefragt. Maersk verlässt sich darauf, dass die Leute, die die Arbeit machen, selbst am besten wissen, wie sie für mehr Effizienz und niedrigere Kosten sorgen können.

So kennt der Produktionsmanager von Maersk Logistics, Per Knudsen, zwar das Ziel, doch das Unternehmen überlässt ihm die Entscheidung, wie es erreicht werden soll. Sein Bereich transportiert im Jahr sieben Millionen Container und beschert dem Unternehmen damit den Löwenanteil seines Umsatzes von 61 Milliarden US-Dollar. Er sucht ständig nach neuen Möglichkeiten, Kosten einzusparen.[11]

Wir haben im Rahmen unserer Arbeit mit Per Knudsen eine xQ-Befragung seines Teams durchgeführt. xQ steht für

»Execution Quotient« und ist ein Analyse-Instrument, das FranklinCovey entwickelt hat, um die Umsetzungskraft eines Teams oder einer Organisation zu messen. Ihr xQ zeigt, wie effektiv Mitarbeiter Strategien in Ihrem Unternehmen umsetzen.[12] Die Ergebnisse der xQ-Befragung halfen Per Knudsen, völlig neue Möglichkeiten für das Erreichen des großen Ziels von Maersk zu erkennen. Und: Sie führten ihm Hindernisse vor Augen, die er bislang noch gar nicht bemerkt hatte.

»Nach der ersten xQ-Befragung haben wir es geschafft, Dinge zu machen, die wir sonst niemals angepackt hätten. Zum Beispiel starteten wir ein Projekt, das speziell darauf abzielte, die Zahl der Arbeitsstunden pro Container zu senken. Das war ein unglaublicher Erfolg – die Zahl der pro Container aufgewendeten Stunden ist von rund 42 auf 34 gesunken.«[13]

So konnte Per Knudsen die Betriebskosten von Maersk um den Gegenwert von 56 Millionen Arbeitsstunden drücken. Sein Unternehmen gab ihm das Ziel vor und er entschied dann gemeinsam mit seinem Team, wie man es erreichen konnte.

Die Führungskräfte müssen den Teams genug Zeit und Freiraum geben, um herauszufinden, wie sie die gesetzten Ziele erreichen können. Jedes neue Ziel bedeutet, dass die Leute Dinge tun müssen, die sie bisher noch nie gemacht haben. Das Logistik-Team von Maersk musste viel ausprobieren, um Prozesse und Systeme verbessern zu können. Doch als sie einige Schlüsselmessgrößen gefunden hatten, konnten sie die Kosten um fast 20 Prozent senken. Das bescherte Maersk einen enormen Zuwachs beim Reingewinn.

Bei einem anderen Unternehmen machte man etwas sehr Interessantes, um Kosten zu senken: Statt konkrete Sparmaßnahmen von oben anzuordnen, lud die Führungsspitze alle zu einer großen Entrümpelungsaktion ein. Die Leute sollten selbst entscheiden, was entbehrlich war. Den Führungskräften war klar, dass die Mitarbeiter am allerbesten wussten, worauf man gut und gerne verzichten konnte. Und der Plan ging auf –

das Unternehmen hat es geschafft, die Kosten mit Hilfe der Mitarbeiter deutlich zu reduzieren.

Seine sieben Siege bei der Tour de France hat Lance Armstrong nicht allein errungen. Seine Mannschaftskollegen – allen voran Hincapie, Landis und Azevedo – unterstützten ihn nach Kräften. Gerade in den Bergen zählt der Beitrag jedes Einzelnen im Team.

3. Die Ergebnisse messen

Stellen Sie sich bitte vor, dass ein Lotse die *Eugen Maersk* durch eine Meerenge führt. Das riesige Frachtschiff ist auf allen Seiten von gefährlichen Klippen und Felswänden umgeben. Der Lotse lässt den Radarschirm, auf dem er sehen kann, wo er sich befindet, keine Sekunde aus den Augen. Vor ihm sind unzählige Instrumente und Anzeigen – Himmelsrichtung, Treibstoff, Temperaturen – doch jetzt gilt seine ganze Konzentration nur diesem einen Bildschirm.

Wer sich in einer »Meerenge«, in einer bedrohlichen Lage befindet, kann es sich nicht leisten, blind zu steuern oder sich von unwichtigen Lämpchen und akustischen Signalen ablenken zu lassen. Er muss genau wissen, wo er bei den entscheidenden Messgrößen steht. Deshalb gehören zu einem guten Umsetzungssystem auch entsprechende Messgrößen und Messungen.

Erfolgreiche Führungskräfte wissen, dass man zwei Typen von Messgrößen verfolgen muss: vergangenheitsorientierte und zukunftsorientierte. Gewöhnlich haben wir nur die vergangenheitsorientierten Messgrößen im Blick, da sie uns zeigen, was gerade passiert ist: Verkaufszahlen, Kostenaufstellungen, Ergebnisrechnungen … Natürlich brauchen wir sie. Doch verändern können wir sie nicht mehr – sie sind Geschichte.

Ganz anders sieht es bei den zukunftsorientierten Messgrößen, den Frühindikatoren, aus: Sie haben Vorhersagekraft, lassen sich beeinflussen und verraten uns, was wahrscheinlich passieren wird. Bei den Mannschaften, die bei der Tour de France antreten, gehören die Übungseinheiten auf dem Rad, das Krafttraining und die Ernährung zu den zukunftsorientierten Messgrößen. Die Radprofis wiegen alle Mahlzeiten sorgfältig ab und zählen jede einzelne Kalorie. Es gibt sogar einen Fahrer, der seinen Hüttenkäse filtert, damit er genau weiß, wie viel Fett er zu sich nimmt.

Schwache Führungskräfte konzentrieren sich ganz auf die vergangenheitsorientierten Messgrößen. Sie haben nur die wöchentlichen Verkaufszahlen im Blick und stauchen die Leute im Vertrieb zusammen, wenn sie ihre Umsatzvorgaben nicht erreichen. Sie kommen gar nicht auf die Idee, die Frühindikatoren zu ermitteln, mit denen man den Umsatz steigern könnte.

Starke Führungskräfte dagegen konzentrieren sich auf die zukunftsorientierten Messgrößen. Sie helfen ihrem Team, drei bis vier Maßnahmen festzulegen, die die gewünschten Ergebnisse bringen werden. Und: Natürlich vergessen sie nicht, die Fortschritte bei diesen Frühindikatoren regelmäßig zu messen.

> **Starke Führungskräfte konzentrieren sich auf die zukunftsorientierten Messgrößen.**

Effektive Führung gleicht ein wenig einem wissenschaftlichen Experiment. Hier geht es immer auch um Trial and Error. Das Team probiert zahlreiche Möglichkeiten zur Beeinflussung der zukunftsorientierten Messgrößen aus. Durch Versuch und Irrtum findet es heraus, was funktioniert und was nicht. So testete ein Unternehmen aus der Baubranche die Ergebnisse von E-Mail-Angeboten an Großhandelskunden. Zwei Mails pro Woche brachten so gut wie nichts.

Doch wenn die Kunden drei Mails pro Woche bekamen, gab es jede Menge Bestellungen. Jetzt sorgt die Firma dafür, dass alle Großhandelskunden drei Angebote pro Woche bekommen – seitdem wird das Umsatzziel mühelos erreicht.

Noch ein Beispiel: In der Schuhabteilung eines großen Kaufhauses fand man heraus, dass die Kunden gleich zwei Paar Schuhe kauften, wenn sie mehrere Paare anprobierten. Jetzt misst die Abteilung genau, ob den Kunden tatsächlich mindestens vier Paar Schuhe gezeigt werden.

Natürlich ist das regelmäßige Messen der Frühindikatoren mit einigem Aufwand verbunden. Doch der Blick auf die Frühindikatoren ist so entscheidend für die Zielerreichung, dass die Verkäufer die Mühe des Messens gerne auf sich nehmen. Außerdem werden die Leute in der Abteilung nicht nur für das Erreichen der Umsatzvorgaben, sondern auch für das Erreichen der Ziele bei den Frühindikatoren belohnt.

> Statt Ihre ganze Aufmerksamkeit auf die vergangenheitsorientierten Messgrößen zu richten und nur auf die Vergangenheit zu schauen, müssen Sie sich auf zukunftsorientierte Messgrößen und den Blick nach vorn konzentrieren.

Mit anderen Worten: Statt Ihre ganze Aufmerksamkeit auf die vergangenheitsorientierten Messgrößen zu richten, müssen Sie sich auf zukunftsorientierte Messgrößen und den Blick nach vorn konzentrieren.

Alle müssen wissen, was zu tun ist, damit das Ziel erreicht werden kann. Es genügt nicht, das Ziel lauthals zu verkünden. Die Führungskräfte müssen ihre Teams in die Ermittlung der erforderlichen Maßnahmen einbeziehen und deren Umsetzung dann konsequent verfolgen.

4. Oft und regelmäßig nachfassen

Am 25. Mai 2001 stand Erik Weihenmayer als erster Blinder auf dem Gipfel des Mount Everest. Das war eine unglaubliche Leistung. Doch noch etwas war außergewöhnlich: Fast alle Mitglieder von Weihenmayers Team schafften es auf den Gipfel!

Ein Blinder auf dem Gipfel des Mount Everest: Das Ziel war klar, aber bis dahin noch nie erreicht worden. Das Team um Weihenmayer stand vor Herausforderungen, die noch keine Seilschaft gemeistert hatte. Herauszufinden, wie man die tückische Eiswand am Fuß des Gipfels möglichst schnell bezwingen konnte, dauerte Wochen und war mit einigen Fehlversuchen verbunden. In dieser Zeit trafen sich abends alle Bergsteiger im großen Zelt, um gemeinsam zu essen und über alles zu sprechen. Diese Besprechungen waren der Schlüssel für das Erreichen des Ziels. Die Bergsteiger gingen gemeinsam alle Erfolge und Misserfolge des Tages durch und suchten nach Verbesserungsmöglichkeiten. Schließlich schafften sie es, die Zeit für die Überwindung der schwierigen Eiswand von 13 auf zwei Stunden zu drücken. Damit legten sie die Grundlage für die erfolgreiche Gipfelbesteigung.[14]

Die Besprechungen im Zelt dauerten nicht lange – draußen war es eiskalt und alle waren total erschöpft. Doch das war ein Vorteil. So konzentrierten sie sich voll und ganz auf die Suche nach Lösungen. Sie feierten kleine Erfolge und machten schnell neue Pläne. Und sie wussten: Wenn sie ihre Teamziele erreichen wollten, mussten sie regelmäßig prüfen, ob sie auf Kurs lagen. Führungskräfte machen oft den Fehler, ein ehrgeiziges Ziel vorzugeben und sich dann zurückzulehnen, um in aller Gemütlichkeit auf die Ergebnisse zu warten. Wenn Sie aber nie nachhaken, werden Ihre Leute das Ziel nicht ernst nehmen. Sie denken, dass Ihnen das Ziel gleichgültig ist, und machen einfach so weiter wie bisher. Deshalb ist es wichtig, dass Sie die Fortschritte oft und regelmäßig über-prüfen.

Zu Beginn des Geschäftsjahrs hielt eine Firma eine große Belegschaftsversammlung ab, bei der das Ziel für das kommen-de Jahr lang und breit verkündet wurde. Die Führungsspitze betonte immer wieder, wie wichtig dieses Ziel für die Zukunft der Firma war. Die Mitarbeiter wurden aufgefordert, alles zu geben, damit man es erreichen konnte. Alle stimmten zu – schließlich handelte sich ja um ein wirklich gutes Ziel.

In der ersten Woche nach der Veranstaltung sprachen alle voller Begeisterung über das neue Ziel, das alles verändern würde. In der zweiten Woche verstummten die Gespräche allmählich. In der dritten waren die Leute sehr beschäftigt und dachten kaum noch an das Ziel. Und nach ei-nem Monat war es überhaupt kein Thema mehr.

> **Die Wochen und Monate vergingen. Die Führungskräfte fragten sich gegenseitig: »Wie läuft es denn?«, doch das wusste niemand.**

Die Wochen und Monate vergin-gen. Die Führungskräfte fragten sich gegenseitig: »Wie läuft es denn?«, doch das wusste niemand. Am Ende des Geschäftsjahres war nichts ge-schehen. Die Führungskräfte waren enttäuscht und verär-gert. Wie konnte die gesamte Belegschaft so verantwortungs-los sein? Hatten nicht alle versprochen, alles für das Ziel zu geben?

Wo lag das Problem? Ganz einfach: Es gab keine regelmä-ßigen »Treffen im Zelt«. Wenn die Führungskräfte sich über-haupt nach den Fortschritten erkundigten, dann höchstens bei den vierteljährlichen Leistungsbeurteilungen. Sie erwarteten einfach, dass die Leute ihre Ergebnisse brachten, und taten deshalb nichts, um den Mitarbeitern zu helfen, sich auf das Ziel zu konzentrieren. Doch: Menschen sind keine Automa-ten. Als die Führungskräfte sich nicht nach den Fortschritten erkundigten, gingen alle davon aus, dass das Ziel doch nicht so wichtig war.

Spitzenteams setzen sich oft und regelmäßig zusammen, um über die Fortschritte bei ihren Zielen zu sprechen. Diese Besprechungen sind einfach. Zunächst zieht man Bilanz, damit alle wissen, wie der momentane Stand der Dinge ist. Dann berichten die Mitarbeiter, was sie bisher unternommen haben, um das Ziel zu erreichen. Gemeinsam werden die nächsten Schritte festgelegt und neue Aufgaben verteilt. Wenn die Mitarbeiter wissen, dass sie immer wieder nach ihren Fortschritten gefragt werden, ist ihnen klar, dass das Ziel den Führungskräften wirklich wichtig ist. Und dann werden alle ihr Bestes geben, um das Ziel zu erreichen.

Bei einem Bereich von Nestlé beispielsweise »treffen sich die Arbeiter nach Schichtende. Dafür wurde eigens ein Raum eingerichtet, in dem die Performance-Daten des Tages an der Wand hängen. 15 bis 20 Minuten lang gehen alle ihre Tagesergebnisse durch und entscheiden dann, was sie tun können, um ihre Performance zu verbessern.«[15]

Um eine hervorragende Umsetzung zu erreichen, müssen Führungskräfte also vier wichtige Aufgaben erfüllen:

1. Sich auf die absolut wichtigen Ziele konzentrieren.
2. Dafür sorgen, dass jeder genau weiß, was er zu tun hat, damit die Ziele erreicht werden.
3. Die Ergebnisse messen.
4. Oft und regelmäßig nachfassen.

Das Leistungsniveau der »Mitte« steigern

So weit, so gut. Sie haben jetzt eine Strategie und Ziele. Das Team weiß, was es machen muss und welche Messgrößen dabei maßgeblich sind. Zudem diskutieren Sie oft und regelmäßig in Ihren Meetings die Resultate. Kurzum: Sie haben alles getan, was in Ihrer Macht steht, um für ein wirklich gutes Ergebnis zu sorgen.

Doch wenn Sie die Ergebnisse in Ihrer gesamten Organisation betrachten, werden Sie sicher deutliche Unterschiede erkennen.

Es wird nicht ausbleiben, dass manche Leute sehr gute Leistungen bringen, andere dagegen schlechte – und dann gibt es noch die große Mitte. Die Leistung einer Gruppe von Menschen wird immer und überall so aussehen:

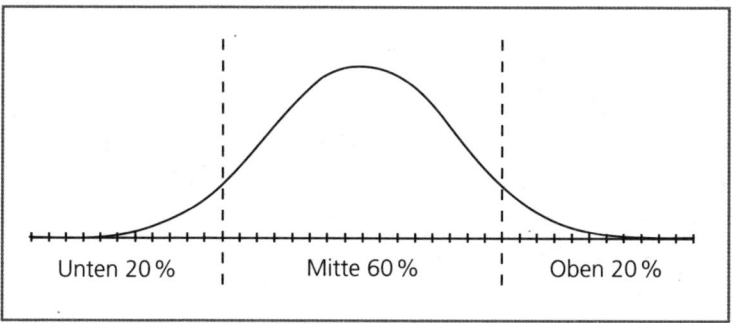

In der Mitte sehen Sie eine dicke Ausbuchtung, einen »Berg«. Hier finden Sie die Leute, die viel mehr zum Erreichen der Ziele beitragen könnten, wenn sie nur wüssten, wie. Wenn die Leistungen dieser mittleren 60 Prozent näher an die der obersten 20 Prozent herankämen, hätte das enorm positive Auswirkungen. Was würde es bedeuten, wenn die Kurve eher so aussehen würde?

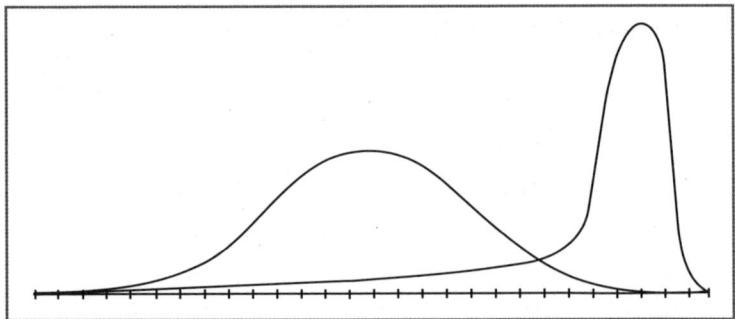

Führungskräfte müssen die Leistungen im Mittelfeld verbessern. Für Sie als Führungskraft könnte Ihre größte Chance zur Ergebnisverbesserung darin bestehen, die Mitte auf der Leistungskurve gezielt nach rechts zu verschieben.

Sonst fällt das Team bei den steilen Anstiegen in den Bergen auseinander und verliert an Boden.

Wie sieht die Leistungskurve in Ihrem Team aus? »Links und locker« oder »rechts und eng«?

Bei der Tour de France fahren die Fahrer gewöhnlich geschlossen im Hauptfeld. Dieses Hauptfeld kann man mit einem Vogelschwarm in der Luft vergleichen. Die Vögel an der Spitze bieten den anderen Windschatten und erleichtern ihnen so das Fliegen.

Manchmal ist es für einen Radprofi von Vorteil, sich ins Hauptfeld zurückfallen zu lassen und den Windschatten auszunutzen. Doch ein Siegerteam wird dort nicht bleiben. Da bei der Tour meist nur wenige Sekunden über Sieg und Niederlage entscheiden, muss das Gewinnerteam sich möglichst oft an die Spitze des Hauptfelds setzen. Wenn nur eines der Teammitglieder zurückfällt, kann das der Mannschaft den Sieg kosten.

George Hincapie, der zum Team von Lance Armstrong gehörte, war für seine Sprinterqualitäten berühmt. Auf kurzen Strecken konnte er alle abhängen, und das war eine sehr wertvolle Fähigkeit. In den Bergen war er jedoch ziemlich schwach – hier musste er mehr Leistung für sein Team bringen. Deshalb arbeitete er hart daran, um an den Anstiegen besser zu werden. Schließlich konnte er die Führung an den kräftezehrenden mittleren Anstiegen übernehmen und blieb dabei nur Zentimeter vor seinem Kapitän Armstrong, dem er so den Weg für seinen einmaligen Endspurt frei machte.[16]

> Sie sollten sich fragen: »Wie kann ich mehr Leute dazu bringen, das zu machen, was getan werden muss?«

Armstrongs Team brauchte für die Berge keine große neue Strategie. Es reichte, dass alle das machten, was schon immer getan werden musste. Das gilt auch für Ihr Team. Wenn Sie in die Berge kommen, sollten Sie sich fragen: »Wie kann ich mehr Leute dazu bringen, das zu machen, was getan werden muss?«

In allen Organisationen gibt es Teammitglieder, die bereits hervorragende Leistungen bringen. In den Studien von FranklinCovey hat sich immer wieder gezeigt, dass sich die Gesamtleistung am besten verbessern lässt, wenn man die mittleren 60 Prozent in den Leistungsbereich verschiebt, der von den obersten 20 Prozent erreicht wird. Einige Überschlagsrechnungen werden Ihnen zeigen, welche enormen Auswirkungen es hätte, wenn Sie den Abstand der mittleren 60 Prozent zur durchschnittlichen Leistung der Spitzengruppe nur um ein Drittel verkürzen könnten.

Auch die umfangreichen Surveys von Watson Wyatt zur Leistung von Unternehmen zeigen, dass »der Schlüssel zu einem starken Produktivitätszuwachs darin liegt, das Leistungsniveau der großen mittleren Gruppe der Mitarbeiter anzuheben«.[17]

Rechnen Sie doch einfach mal nach: Was wäre, wenn die mittleren 60 Prozent zumindest halb so gut wären wie Ihre besten Mitarbeiter? Und was würde es für Ihren Ertrag bedeuten, wenn die mittleren 60 Prozent das Niveau der oberen 20 Prozent erreichen würden?

Um das Leistungsniveau der »Mitte« zu steigern, müssen Sie eigentlich nur zwei Dinge tun:

1. **Leistungsinseln ermitteln.**
   In welchen Bereichen bringen Ihre Mitarbeiter bereits außergewöhnliche Leistungen? Können diese Leute den anderen beibringen, wie man bessere Leistungen erzielt?

2. **Das Team fragen, wie man die Leistung verbessern kann.**
   Niemand weiß so gut wie die Teammitglieder, was besser, schneller und günstiger gemacht werden kann.

Diese beiden Aktionsschritte wollen wir uns nun genauer ansehen:

1. Leistungsinseln ermitteln

In allen Organisationen gibt es »Überflieger«, die wesentlich bessere Leistungen erbringen als der Durchschnitt. Manchmal liegt das am Umfeld – Laden A, der in der Fußgängerzone liegt, muss ja besser abschneiden als Laden B in der Nebenstraße. Doch selbst wenn man die Faktoren herausfiltert, die sich nicht beeinflussen lassen, übertreffen manche Organisationseinheiten die anderen bei Weitem. Es ist durchaus möglich, dass der benachteiligte Laden B sein Potenzial besser ausschöpft als Laden A. In diesem Fall könnten wir alle etwas von Laden B lernen.

Wie sieht es denn in Ihrer Organisation aus? Sie wissen bestimmt, dass es ein oder zwei Leute im Vertrieb gibt, die sich ganz klar an die Spitze setzen, eine Projektgruppe, die immer in Rekordzeit erstklassige Arbeit liefert, oder eine Schule, die die anderen im Bezirk Jahr für Jahr übertrifft.

Gerade bei den Schulen zahlt es sich unglaublich aus, das Leistungsniveau der Mitte zu steigern. Nach Berechnungen der McKinsey Group hätten die USA 2008 ein um 1,3 bis 2,3 Billionen Dollar höheres Bruttoinlandsprodukt erreicht, wenn die Normen im Bildungswesen denen von Staaten wie Finnland und Südkorea entsprochen hätten.[18] Thomas Friedman von der *New York Times* schreibt:

> *»Im amerikanischen Bildungswesen gibt es heute unzählige Innovationen – von neuen Modalitäten bei der Bezahlung der Lehrer bis zu Schulbezirken, die mit besseren Lernmethoden, qualifizierteren Rektoren und höheren Standards echte Verbesserungen erreicht haben. Doch das Problem ist, dass es sich dabei immer nur um Einzelfälle handelt.«*[19]

Die große Aufgabe besteht darin, diese Leistungsinseln im ganzen Land zur Norm zu machen. Die Leistungsinseln zur Norm machen – genau das ist die Herausforderung, die auch Sie meistern müssen: Aber wie können Sie das schaffen? Hier einige Vorschläge:

- Finden Sie die Leistungsinseln. Reden Sie mit den Spitzenleuten. Ermitteln Sie, was sie besser machen als die anderen.

- Legen Sie die Latte höher. Setzen Sie Leistungsziele, die dem Durchschnitt der obersten 20 Prozent entsprechen oder ihm zumindest nahekommen. Sorgen Sie dafür, dass allen diese Ziele klar sind und dass sie auch umgesetzt werden.

- Koppeln Sie Incentives an das Erreichen objektiver Leistungsziele. Herkömmliche Leistungsbeurteilungen führen oft nur zu unscharfen Einstufungen wie »hervorragend« oder »erfüllt die Erwartungen«. Definieren Sie Leistungsziele, die wirklich Aussagekraft haben.

- Übertragen Sie den »Überfliegern« die Aufgabe, Mentoren für die anderen zu werden.

Die McKinsey Group zieht folgendes Fazit: »Wenn es zwischen vergleichbaren Bereichen große Unterschiede gibt, kann man die Leistung durch striktes Benchmarking und eine konsequente Umsetzung von dem, was funktioniert, erheblich steigern.«

In den meisten Organisationen gibt es ja bereits Personen und Teams, die hervorragende Arbeit liefern. Die Führungskräfte haben die Aufgabe, die Leistungen der anderen auf das Niveau dieser »Überflieger« zu bringen. Wenn Sie das tun, werden Sie aufhören, sich den Kopf über das zu zerbrechen, was nicht funktioniert. Sie werden Ihre Organisation dann um das herum aufbauen, was schon hervorragend funktioniert!

2. Das Team fragen, wie man die Leistung verbessern kann

Wer weiß am besten, wie man die Leistung verbessern kann? Ganz einfach: die Leute, die die Leistung erbringen. Aber wie schwierig ist es, ein Team nach seinen Erfolgen zu fragen, wenn Sie seine Leistung verbessern wollen? Es wird Sie vielleicht überraschen, wie bereitwillig die Leute Ihre Fragen beantworten und welche Erkenntnisse Ihnen das bringen wird. Bitten Sie Ihre Mitarbeiter, Ihnen ihre Erfolgsgeschichten zu erzählen. Konzentrieren Sie sich nicht allzu sehr auf die Fehlschläge. In einer um Erfolgsgeschichten aufgebauten Organisation wird es deutlich mehr Spitzenleistungen geben.[20]

Wenn Sie das Team immer stärker in Verbesserungsmöglichkeiten einbeziehen, werden Sie das Leistungsniveau der »Mitte« steigern. Und: Sie werden den Leuten im Mittelfeld helfen, sich von der Einstellung zu lösen, die sie bisher daran gehindert

> Die meisten Mitglieder Ihres Teams wünschen sich Anerkennung und wollen einen Sinn in ihrer Arbeit finden.

hat, bessere Leistungen zu bringen. Kaum jemand will wirklich nur Mittelmaß sein. Die meisten wünschen sich Anerkennung und wollen einen Sinn in ihrer Arbeit finden:

»Wer Mittelmaß ist, schöpft sein Potenzial nicht annähernd aus. Die enormen Fähigkeiten in uns verkümmern, wenn wir sie brachliegen lassen.«[21]

Ihre Aufgabe als Führungskraft ist es, das Beste aus Ihrem Team herauszuholen. Ihre größte Leistung könnte darin bestehen, Ihre Leute zu dem Team zu machen, das das Rennen gewinnt, wenn es am härtesten wird – zu dem Team, das sich niemals vom Berg besiegen lässt.

TIPPS FÜR DIE PRAXIS:
Plan zur erfolgreichen Umsetzung
der Strategie

Die folgenden Fragen helfen Ihnen, herausfinden, wie Sie
für eine effektive Umsetzung Ihrer Strategie sorgen können.
Nehmen Sie sich für jede Frage genug Zeit. Stellen Sie die
Fragen auch Ihrem Chef, Ihrem Team und Ihren Kollegen.

1. Sich auf die absolut wichtigen Ziele konzentrieren

- Welche ein bis drei Ziele muss unsere Organisation
  unbedingt erreichen, weil sonst alles andere völlig
  bedeutungslos wird?

- Welche ein bis drei Ziele muss mein Team erreichen, um
  die Organisation dabei zu unterstützen, ihre absolut
  wichtigen Ziele zu erreichen?

- An welchen vergangenheitsorientierten Messgrößen
  lässt sich der Erfolg bei diesen Zielen ablesen?
  (Bitte denken Sie hier immer an die Formel »Von X zu Y
  und bis wann?«)

2. Dafür sorgen, dass jeder genau weiß, was er zu tun hat

- Durch welche ein bis drei Maßnahmen können wir als Team sicherstellen, dass die Ziele erreicht werden?
- Welche zukunftsorientierten Messgrößen helfen uns, den Erfolg dieser Maßnahmen zu überprüfen?

3. Die Ergebnisse messen

- Wie werden wir die vergangenheits- und zukunftsorientierten Messgrößen kontrollieren?
- Wo, wann und wie aktualisieren wir die Ergebnisse, damit alle wissen, wo wir gerade stehen?

4. Oft und regelmäßig nachfassen

- Wann und wo werden wir unsere Teambesprechungen abhalten, bei denen wir Rechenschaft über unsere Fortschritte ablegen?

Mit dem folgenden Verfahren können Sie die Leistungen der Leute im Mittelfeld verbessern.

1. Über die Formel »Von X zu Y und bis wann?« im Diagramm ein Ziel für die Verschiebung der Mitte nach rechts festlegen

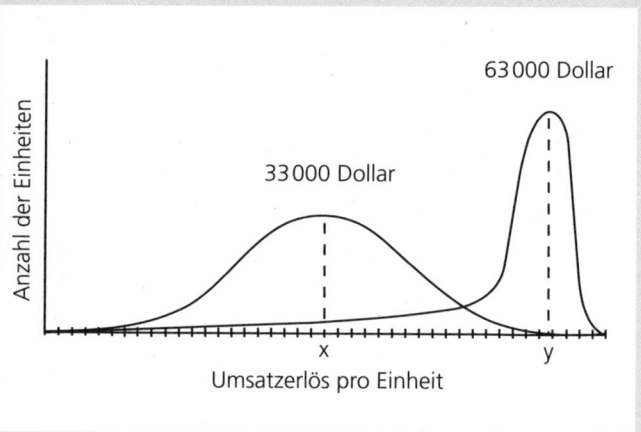

Abbildungsbeispiel: Bei dieser Organisation ist der Hauptindikator für die Leistung der Umsatzerlös pro Einheit in Tausenden von US-Dollar. Derzeit liegt der Durchschnittswert bei 33000 (X). Er soll auf 63000 (Y) gesteigert werden.

- Tragen Sie die Hauptindikatoren für die Leistung für alle Einheiten in Ihrer Organisation in das Diagramm ein. Dabei wird sich eine Normalverteilungskurve ergeben. Am höchsten Punkt der Kurve liegt X. (Hauptindikatoren für die Leistung können bei einem Vertriebsteam die Umsatzerlöse oder beim Kundenservice die Qualitätsbeurteilungen sein.)
- Markieren Sie den Punkt weiter rechts, den die Leistung zu einem bestimmten Zeitpunkt erreichen soll. Am höchsten Punkt dieser Kurve liegt Y.
- Nutzen Sie den oben umrissenen Plan, um Ihre Strategie mit Erfolg umzusetzen.
- Tragen Sie Ihre Fortschritte jede Woche in das Diagramm ein. Wenn das Leistungsniveau der Mitte steigt, können Sie das daran erkennen, dass X sich auf Y zubewegt.

2. Ermittlung der »Leistungsinseln« in Ihrer Organisation

- Welche Mitarbeiter sind die »Überflieger« in Ihrer Organisation?
- Wie können Sie die Mitarbeiter im Mittelfeld auf das Niveau der »Überflieger« bringen?

3. Das Team fragen, wie man die Leistung verbessern kann

- Wie, wann und wo werden Sie sich von den Teammitgliedern Input holen, wie sich die Hauptindikatoren für die Leistung verbessern lassen?

Der Lehrer lernt viel mehr als der Schüler

Am besten lernen wir, wenn wir anderen etwas beibringen. Jeder weiß, dass der Lehrer viel mehr lernt als der Schüler. Wenn Sie das, was Sie in diesem Kapitel gelernt haben, in den nächsten Tagen wirklich verinnerlichen wollen, sollten Sie sich jemanden aus dem Kreis Ihrer Kollegen, Freunde oder Familie suchen und ihm Ihre Erkenntnisse vermitteln. Dabei können Sie die folgenden anschaulichen Fragen stellen oder sich selbst gute Fragen überlegen:

- Was macht den Unterschied zwischen einem Siegerteam und dem Zweitbesten aus?

- Weshalb liefern manche Teams und Organisationen jedes Jahr Spitzenleistungen – ganz unabhängig von den Umständen?

- Alle Organisationen arbeiten hart daran, eine Strategie zu entwickeln. Aber weshalb scheitern so viele gute Strategien?

- Was ist wichtiger – eine gute Strategie oder eine gute Umsetzung? Warum?

- Was ist besser – viele Ziele zu haben, wenige Ziele oder gar keine? Und weshalb?

- Ein Ziel zu haben, ist eine Sache – zu wissen, wie man es erreichen kann, ist etwas ganz anderes. Wie entscheiden Sie, was getan werden muss, damit ein Ziel erreicht werden kann?

- Was ist der Unterschied zwischen vergangenheits- orientierten und zukunftsorientierten Messgrößen? Welche Messgrößen muss man genauer verfolgen, wenn man ein Ziel erreichen will? Warum ist das so?

- Was ist besser: das Team mit einem Ziel einfach los- laufen lassen oder regelmäßig und oft den Fortschritt überprüfen?

- Was ist wichtiger für Ihren Erfolg – eine großartige neue Strategie oder die Verbesserung der Dinge, die schon gut gemacht werden? Weshalb?

- Warum gibt es in Organisationen so große Leistungs- unterschiede? Was können Sie tun, um das zu ändern und so bessere Ergebnisse zu erzielen?

■ Was können Sie als Führungskraft unternehmen, damit die Mitarbeiter ihre Einstellung ändern und nicht mehr nur das Allernötigste tun, sondern einen wesentlichen Beitrag leisten wollen?

2. Schnelligkeit durch Vertrauen schaffen

»Wenn in einer Gesellschaft großes Misstrauen herrscht, werden alle wirtschaftlichen Aktivitäten gewissermaßen mit einer Steuer belegt. Gesellschaften mit viel Vertrauen müssen diese Steuer nicht zahlen.«
FRANCIS FUKUYAMA, WIRTSCHAFTSWISSENSCHAFTLER

In Krisenzeiten ist Vertrauen der Faktor, von dem alles abhängt.

Das Great Ormond Street Hospital in London hatte lange Zeit den Ruf, bei der Behandlung von Kindern wirklich Außergewöhnliches zu leisten. Vor einigen Jahren starben jedoch innerhalb kurzer Zeit sieben Babys nach komplizierten Herzoperationen. Die OP-Teams waren am Boden zerstört. Es war offensichtlich, dass irgendetwas nicht stimmte. Die Todesfälle führten dazu, dass die Öffentlichkeit kein Vertrauen zum Great Ormond Street Hospital mehr hatte. Und: Die OP-Teams verloren das Vertrauen zu sich selbst.

Die Todesfälle wurden sehr sorgfältig untersucht. Man fand bald heraus, dass das größte Risiko weder die Operation noch der Aufenthalt auf der Intensivstation war. Das Gefährlichste war der Transport vom OP auf die Intensivstation. Dr. Martin Elliott sagt: »Man muss das Baby von etlichen Apparaten trennen, auf ein fahrbares Bettchen legen, über den Korridor schieben und wieder an viele Apparate anschließen. Außerdem muss das erschöpfte OP-Team viele Informationen über das Baby an das frische Intensiv-Team weitergeben.«

Nachdem wieder ein Baby gestorben war, versammelte sich das OP-Team deprimiert im Ärztezimmer. Im Fernsehen lief gerade ein Formel-1-Rennen. Und dabei fiel den Chirurgen etwas äußerst Bemerkenswertes auf. Nicht das Rennen faszinierte sie, sondern die Boxenstopps. Als Michael Schumacher in die Box kam, arbeitete das Team von Ferrari wie aus einer Hand.

Dr. Allan Goldman erinnert sich: »Alles ging blitzschnell und war optimal organisiert. Das Team wechselte die Reifen, füllte Benzin nach und tauschte jede Menge Informationen mit Schumacher aus – und schon nach 6,8 Sekunden konnte er wieder durchstarten.« Die Ärzte starrten gebannt auf den Fernseher – was für ein Tempo, was für eine Effizienz, was für eine Präzision! Dr. Goldman sagt: »All das war dem Prozess bei uns im Grunde sehr ähnlich.«[22]

> Die Ärzte starrten gebannt auf den Fernseher – was für ein Tempo, was für eine Effizienz, was für eine Präzision!

In der Welt der Formel 1 trennen den Sieger lediglich Bruchteile von Sekunden von den Verlierern. Obwohl meist nur die Fahrer im Rampenlicht stehen, ist dieser winzige Unterschied in Wirklichkeit der Leistung des ganzen Teams zu verdanken.

Wenn der Fahrer in der Box hält, wird das Auto von der perfekt eingespielten Mechaniker-Crew aufgebockt: In Windeseile werden die Reifen gewechselt, der Rennwagen betankt oder kleinere Reparaturen erledigt. Alles muss so schnell wie möglich gehen. Wenn das Auto zehn Sekunden beim Boxenstopp steht, gewinnen die anderen Fahrer gut einen halben Kilometer Vorsprung.

In Sachen Boxenstopp gehört das Ferrari-Team ganz klar zu den besten der Welt. Seine enorme Präzision und seine Schnelligkeit faszinierten die Ärzte in London. Dr. Goldman erzählt: »Ich setzte mich mit Ferrari in Verbindung. Wir flogen dann nach Italien und zeigten den Leuten Videos von den Abläufen bei uns im Krankenhaus. Das Ferrari-Team war ziemlich entsetzt, wie chaotisch es bei uns zuging. Niemand übernahm die Führung, alle redeten wild durcheinander und standen sich gegenseitig im Weg.«

Einer der Mechaniker sagt: »Ich weiß noch genau, was mir durch den Kopf schoss, als wir uns die Videos des OP-Teams zum ersten Mal ansahen: ›Mann, die sind ja total unorganisiert!‹ Kein Wunder, dass alles drunter und drüber ging, sobald etwas Unerwartetes passierte.«

»Ärzte werden dazu ausgebildet, Menschen zu helfen«, erklärt Dr. Elliott. »Es war eine völlig neue Herausforderung für uns, die Patienten schnell und sicher vom Operationssaal auf die Intensivstation zu bringen. Wir drängten uns dann um das Bett, waren völlig hektisch und versuchten, den kleinen Patienten zu helfen.

Die Boxencrews in der Formel-1 arbeiten ganz anders. Die Mechaniker wissen genau, was sie zu tun haben. Alle machen ihren Job ohne viele Worte. Keiner steht dem anderen im Weg. Die Mechaniker sind ein perfekt eingespieltes Team, das sich blind vertraut.«

Das OP-Team lernte schnell von Ferrari. Schon bald hatte man einen klar strukturierten Ablaufplan entwickelt. Es wurde genau festgelegt, wer was und in welcher Reihenfolge macht. »Jetzt wissen wir genau, was jeder zu tun hat. Das war vorher nicht so. Da herrschte ein ziemliches Chaos«, sagt eine OP-Schwester.

> Heute gehört das kardiologische Team am Great Ormond Street Hospital zu den besten auf der ganzen Welt. Sie können ihm ohne Bedenken das Leben Ihres Kindes anvertrauen.

Die Fehlerquote sank um 50 Prozent. »Wir sahen, dass es unseren Patienten gut ging und die Ergebnisse sich enorm verbesserten – wie durch Zauberei!«, sagt Dr. Elliott zufrieden.[23]

Die große Vertrauenskrise

Heute gehört das kardiologische Team am Great Ormond Street Hospital zu den besten auf der ganzen Welt. Sie können ihm ohne Bedenken das Leben Ihres Kindes anvertrauen. Früher hätten Sie sich bestimmt zweimal überlegt, den Ärzten Ihr Vertrauen zu schenken. Sie hätten gezögert und sich am Ende wahrscheinlich für ein anderes Krankenhaus entschieden. Dem OP-Team konnte man schon immer vertrauen. Sie taten alles, um ihren kleinen Patienten zu helfen. Doch die Abläufe und Strukturen mussten vertrauenswürdiger werden. Denn Vertrauenswürdigkeit umfasst längst nicht nur die Ethik.

Vertrauen hat immer Auswirkungen auf zwei klar messbare Ergebnisse: die Schnelligkeit und die Kosten. Wenn das Vertrauen abnimmt, sinkt die Schnelligkeit und die Kosten steigen. Misstrauen macht alles langsamer. Die Umsätze gehen zurück, Kunden wandern ab, die Teammitglieder sind frustriert und steigen vielleicht sogar aus. Misstrauen ist mit Kosten verbunden, die wirklich wehtun. Im Extremfall kann das sogar das Aus für Ihr Unternehmen bedeuten.

Heute hat das Misstrauen globale Ausmaße angenommen. Auf der ganzen Welt leidet die Wirtschaft unter einer Vertrauenskrise. Dem Weltwirtschaftsgipfel zufolge ist die Vertrauenskrise die größte Herausforderung für die Organisationen überhaupt. Der neuste Conference Board Report (2009) belegt, dass das Vertrauen zu den Unternehmen den Vorständen besonders große Sorgen macht. Vor zehn Jahren war das noch kein Thema.[24]

Wir alle haben miterlebt, dass große Konzerne zusammenbrachen, weil niemand mehr Vertrauen in sie hatte. Wir haben gesehen, dass es in den Finanzmärkten zu einem noch nie da gewesenen Vertrauensverlust kam und die Weltwirtschaft so stark an Tempo verlor, dass der Kreditfluss völlig versiegte.

In diesem Buch wollen wir allerdings nicht sorgenvoll darauf zurückblicken, was passiert ist. Nein, wir möchten Ihnen helfen, sichere Strategien für unsichere Zeiten zu entwickeln. Denn vertrauenswürdige Organisationen erzielen auch in schwierigen Zeiten vorhersehbare Ergebnisse. Mit jemandem, dem Sie vertrauen, können Sie in ein paar Minuten per Handschlag ein Geschäft abschließen. Und: Weil sich alle im Team blind vertrauen, kann eine Boxencrew in der Formel 1 innerhalb von Sekunden Dinge erledigen, für die die meisten Leute Stunden brauchen würden. Das Fazit: Misstrauen macht alles langsamer und drückt die Kosten nach oben. Wenn das Vertrauen aber wächst, steigt die Schnelligkeit und die Kosten sinken.

> Weil sich alle im Team blind vertrauen, kann eine Boxencrew in der Formel 1 innerhalb von Sekunden Dinge erledigen, für die die meisten Leute Stunden brauchen würden.

Vertrauenssteuern und -dividenden

Es gibt große Parallelen zwischen einem Boxenstopp in der Formel 1 und Ihrer Teamarbeit in der Krise. Teammitglieder, die ihre Aufgaben unter Zeitdruck erledigen, müssen schnell komplexe Entscheidungen treffen. Hier ist absolutes Vertrauen gefragt.

Stephen M. R. Covey, der sich eingehend mit dem Thema »Vertrauen« beschäftigt hat, schreibt in seinem Buch *Schnelligkeit durch Vertrauen*:

> *»Vertrauen ist eine ökonomische Variable: Bei vielen Beziehungen müssen wir eine ›Steuer für zu geringes Vertrauen‹ zahlen – ohne das überhaupt zu wissen! Doch nicht nur die Steuern, die wir für mangelndes Vertrauen zu zahlen haben, sind extrem hoch – auch die ›Dividenden‹ für großes Vertrauen sind klar zu beziffern und unglaublich hoch ... Wenn das Vertrauen groß ist, geht alles in Ihrer Organisation viel einfacher.«* [25]

Teams und Organisationen mit großem Vertrauen können sich über hohe Dividenden freuen. Sie verkaufen mehr, weil ihre Produkte und Dienstleistungen wegen ihrer erstklassigen Qualität geschätzt werden. Der Cashflow ist hervorragend – die Kunden bezahlen ihre Rechnungen bereitwillig und prompt. Die Kosten sind niedrig, weil die Zulieferer gerne Geschäfte mit ihnen machen. Die Kunden bleiben ihnen treu, weil sie rundum zufrieden sind.

> Vertrauen ist wie die Hefe im Brot, die alles enorm nach oben treibt.

Teams und Organisationen mit wenig Vertrauen hingegen müssen versteckte Steuern zahlen. Der Umsatz dümpelt vor sich hin, weil die Qualität der Produkte und Dienstleistungen schwankt. Der Cashflow wird durch Beschwerden von Kunden und verzögerte Zahlungen beeinträchtigt. Die Kosten steigen, weil die Zulieferer höhere Preise fordern. Und immer mehr unzufriedene Kunden kehren ihnen den Rücken.

Die Fakten zeigen, dass erfolgreiche Unternehmen bei einer Verlangsamung der übrigen Wirtschaft sogar noch schneller werden. Sie gehen Krisen an, indem sie aktiv Vertrauen aufbauen und mehr Transparenz an den Tag legen als je zuvor. Außerdem handeln sie schnell. Sie nehmen Hürden, an denen Unternehmen, die nicht so viel Vertrauen genießen, scheitern. Als die Börse 2008 abstürzte, stieg der Wert der vertrauenswürdigen Unternehmen um 24 Prozent! [26]

> Die Fakten zeigen, dass erfolgreiche Unternehmen bei einer Verlangsamung der übrigen Wirtschaft sogar noch schneller werden.

Müssen Sie Vertrauenssteuern zahlen?
Oder bekommen Sie Vertrauensdividenden?

Jetzt denken Sie wahrscheinlich: »Natürlich ist mein Team vertrauenswürdig! Das sind tolle Leute, die genau wissen, wie sie ihren Job machen müssen.«

Sie sollten sich aber fragen: »Ist mein Team wirklich vertrauenswürdig? Glauben alle, dass wir hervorragende Leistungen bringen? Weiß jeder im Team, was er zu tun hat? Funktionieren alle Abläufe reibungslos? Zahlen wir Vertrauenssteuern oder bekommen wir Vertrauensdividenden?«

Auf der folgenden Seite finden Sie einige Beispiele, wo Sie möglicherweise eine Vertrauenssteuer zahlen oder eine Vertrauensdividende bekommen:

	Steuer	Dividende
Kunden-bindung	Die Kunden wandern zu anderen Anbietern ab.	Stammkunden tragen erheblich zu Ihren Einnahmen bei.
Recruiting	Die Mitarbeiterfluktuation ist ungewöhnlich hoch.	Die Leute reißen sich darum, bei Ihnen zu arbeiten. Die Fluktuation ist gering.
Schnelligkeit bei der Markteinführung	Produkte und Dienstleistungen können nur mit großer Verzögerung geliefert werden.	Dienstleistungen werden schnell erbracht. Die Produktentwicklung verläuft reibungslos und termingerecht.
Meetings	Es gibt viele Positionskämpfe und Feindseligkeiten im Team.	Ihr Team zeichnet sich durch gutes Arbeitsklima, offene Kommunikation und große Loyalität aus.
Verkaufs-zyklen	Hohe Unzufriedenheit bei den Kunden, langwierige Verhandlungen und komplexe Verträge.	Einfach und effizient – Kunden sind offen und haben Vertrauen.

Die Unternehmen, die das größte Vertrauen genießen, haben klare Wettbewerbsvorteile. Sie können hohe Vertrauensdividenden einstreichen. Und wie sieht es bei Ihnen aus? Ist Vertrauen in Ihrem Unternehmen ein echter Gewinn?

Zwei Teams – ein großer Unterschied

Stellen Sie sich jetzt bitte zwei Teams vor, eins mit viel und eins mit wenig Vertrauen. Beide müssen eine wichtige Bestellung tätigen. Wir wollen uns nun mal genauer ansehen, wie das Ganze abläuft.

Bei dem Team, in dem viel Vertrauen herrscht, fällt die Kaufentscheidung schnell und ohne lange Diskussionen. Es gibt keine taktischen Manöver. Weil die Leute ihre Meinung offen zum Ausdruck bringen können, ist kaum zu erkennen, wer der Boss im Team ist. Weil alle in der Organisation diesem Team vertrauen, wird die Bestellung schnell und problemlos genehmigt.

Bei dem Team mit wenig Vertrauen dauert es dagegen sehr lange, bis die Kaufentscheidung fällt. Keiner sagt offen, was er denkt. Trotz zahlreicher Meetings weiß niemand genau, was Sache ist. Manche setzen sich inoffiziell zusammen, um herauszubekommen, wie der Stand der Dinge ist. Das führt zu einer großen Menge E-Mails, vielen taktischen Manövern und persönlichen Anfeindungen.

Und das Ergebnis? Bis die Bestellung fertig ist, dauert es nicht eine Stunde, sondern eine volle Woche. Und da das Team kein Vertrauen in der Organisation genießt, zieht sich die interne Bearbeitung der Bestellung dann auch noch sehr lange hin.

Ganz egal, wie Ihre Organisation im Augenblick aussieht – Sie können dazu beitragen, dass eine »Boxencrew-Mentalität«

mit hohem Vertrauen entsteht. Sie können ein Team aufbauen, auf das sich andere bedenkenlos verlassen können, zu dem alle gern gehören und das extrem schnell handeln kann.

Vertrauen ist keineswegs ein weicher Faktor. Hier geht es um Schnelligkeit und Kosten und damit um harte wirtschaftliche Folgen. Man kann Vertrauen messen und ausbauen. Es ist möglich, schnell Vertrauen aufzubauen und sich die damit verbundenen Dividenden zu sichern. Der entscheidende Punkt ist eine durchdachte Kampagne zum Aufbau von Vertrauen.

Wie man in Krisenzeiten für Vertrauen sorgen kann

Die Formel-1-Crew, die sich die Ärzte am Great Ormond Street Hospital zum Vorbild nahmen, agierte mit unglaublicher Schnelligkeit und Präzision. Das war aber nicht immer so.

Mitte der 1990er-Jahre war Ferrari ein echtes Verlierer-Team. Der Rennstall hatte seit fast 20 Jahren keinen Formel-1-Titel mehr gewonnen. In dem Team, das von der Presse oft kritisiert wurde, weil dort »keiner dem anderen die Butter auf dem Brot gönnte«, herrschte überhaupt kein Vertrauen. Andererseits war es für seinen »völlig unbegründeten Optimismus« bekannt. Man trug den edlen Namen Ferrari und hielt sich für das beste Team der Welt – trotz der mageren Ergebnisse: »Die Leistung von Ferrari wurde allgemein belächelt.«

1996 änderte sich das grundlegend. Der neue Mann an der Spitze, Luca di Montezemolo, hatte nur ein Ziel – die einst so große Renntradition von Ferrari wieder aufleben zu lassen. Um dieses Wunder wahr zu machen, holte man die besten Leute im Rennsport ins Team. Und: Ferrari schaffte es tatsächlich.

Wie war es möglich, »dieses mittelmäßige Team zum erfolgreichsten der Formel-1-Geschichte zu machen«?[27]

Als Erstes stoppte man die Machtkämpfe, die bei Ferrari tobten. Man stellte sich der Realität: Die Resultate waren schlecht, die Technologie veraltet, die Selbstzufriedenheit total ungerechtfertigt. Schritt für Schritt arbeitete man daran, die berüchtigten Streitereien abzuschalten und ein starkes Team aufzubauen.[28] Mit dem genialen Fahrer Michael Schumacher errang das Ferrari-Team dann sechs Weltmeistertitel in Folge – das war bis dahin noch keinem Rennstall gelungen!

Der Aufbau von Vertrauen erfordert außergewöhnlich viel Kompetenz und Charakter. Luca di Montezemolo wusste, dass er nur mit höchst kompetenten Leuten konstant Spitzenleistungen bringen konnte. In der Krise brauchen Sie die besten Leistungsträger – die obersten 20 Prozent. Ganz wichtig ist, dass Sie diesen Leuten Ihr Vertrauen schenken. Montezemolo übertrug seine Rennsportabteilung den besten Experten, die er finden konnte, und vertraute darauf, dass sie Ferrari wieder an die Spitze bringen würden.

> Man setzte sich nach jedem Rennen zusammen, um den Boxenstopp um weitere Sekundenbruchteile zu verkürzen.

Außerdem brauchte Montezemolo Leute mit Charakter, die sich der Wirklichkeit stellen und nichts beschönigen würden. Das neue Team schreckte vor den unangenehmen Wahrheiten nicht zurück, sondern sprach offen darüber. Die Teammitglieder sagten offen, dass es viele Probleme gab, und packten sie mutig an. So

entstand eine völlige neue Einstellung im Team, die von großer Offenheit und gegenseitigem Respekt geprägt war.

Die Boxencrew arbeitete unermüdlich, um nicht nur die
großen offensichtlichen Fehler zu beseitigen, sondern auch
die kleinen, unerwarteten Probleme aus dem Weg zu schaffen.
Man setzte sich nach jedem Rennen zusammen, um jede noch
so winzige Fehlerquelle zu ermitteln und den Boxenstopp um
weitere Sekundenbruchteile zu verkürzen.

Wie man am besten Vertrauen aufbauen kann

Laut Stephen M. R. Covey müssen Unternehmen, die in Krisenzeiten Vertrauen aufbauen wollen, für Transparenz sorgen,
ihre Versprechen halten und sich auf ihr Team verlassen.[29] Er
empfiehlt also genau das zu tun, womit Ferrari es schaffte, sich
wieder an die Spitze der Formel 1 zu setzen.

Transparenz schaffen. »Man muss die Wahrheit so aussprechen,
dass die Leute sich selbst ein Bild machen können. Wenn das
Vertrauen gering ist, ist Offenheit besonders wichtig. Sonst
vertrauen die Leute nur dem, was sie sehen können.«[30]

Heutzutage gibt es zu viele Unwahrheiten, zu viele versteckte Absichten und Positionskämpfe. Das Vertrauen in das,
was die Leute sagen, hat einen historischen Tiefpunkt erreicht.
Howard Schultz, Gründer der Kaffeehauskette Starbucks,
bringt es auf den Punkt: »Wenn man in den 1960er-Jahren
ein neues Produkt einführte, glaubten 90 Prozent der Leute
den Versprechungen des Unternehmens. Doch 40 Jahre später
glaubten nicht einmal mehr zehn Prozent daran.«[31]

Versprechen halten. »Wenn man ein Versprechen bricht, sinkt
das Vertrauen ganz schnell. Unternehmen, die zu viel verspre-

chen und zu wenig liefern, ernten Enttäuschung und schließlich Misstrauen.«[32]

Denken Sie daran, dass auch Ihr Unternehmen ganz einfach über Google zu finden ist. Kunden, Investoren und Stellenbewerber können sich in Sekundenschnelle über Sie informieren. Wenn ein Unternehmen immer wieder Versprechen gebrochen hat, kann man das heute nicht mehr verschleiern. Deshalb sollten Sie vorsichtig mit Ihren Versprechen sein und anderen nur das zusagen, was Sie auch halten können.

> Wenn ein Unternehmen immer wieder Versprechen gebrochen hat, kann man das heute nicht mehr verschleiern.

Seinem Team Vertrauen schenken. »Vertrauen kann man am besten aufbauen, indem man anderen Vertrauen schenkt. Viele Führungskräfte tun das jedoch nicht, weil sie nur sich selbst vertrauen. Doch Misstrauen wird meist erwidert. Wenn andere uns nicht vertrauen, dann neigen wir dazu, ihnen auch nicht zu vertrauen.«[33] Doch: Mitarbeiter, die wirklich gute Leistungen bringen, wollen, dass man ihnen vertraut. Und sie haben dieses Vertrauen auch verdient!

Fallstudie: Wiederherstellung des Vertrauens in der Krise

Als Anne Mulcahy 2001 CEO von Xerox wurde, stand das Unternehmen am Rande des Abgrunds:

- Xerox hatte einen gigantischen Schuldenberg von 17,1 Milliarden US-Dollar angehäuft.
- Der Umsatz war zurückgegangen, doch die Materialkosten waren explodiert.
- Ein peinlicher Bilanzskandal hatte das Vertrauen der Finanzmärkte in Xerox zerstört.
- Der Aktienkurs war innerhalb eines Jahres von 64 auf 4 Dollar abgesackt.

Es gab kaum noch jemanden, der dem Unternehmen vertraute. Die Kunden und Aktionäre kehrten ihm in Scharen den Rücken. Man ging allgemein davon aus, dass Mulcahy nur noch die Insolvenz von Xerox abwickeln würde. Alle dachten, sie könnte höchstens dafür sorgen, dass der wankende Gigant möglichst geordnet unterging.

Doch Anne Mulcahy weigerte sich, Xerox sterben zu lassen. Deshalb startete sie eine clevere Kampagne zur Wiederherstellung des Vertrauens. Innerhalb weniger Wochen legte sie 160 000 Kilometer zurück, hielt zahllose Meetings mit Kunden und Mitarbeitern ab und beantwortete alle Fragen zur Zukunft von Xerox offen und ehrlich. Später erklärte sie: »Wenn man Märchen erzählt, rächt sich das ganz schnell. Man ist dann einfach nicht mehr glaubwürdig.«[34] Anne Mulcahy konnte das Vertrauen in Xerox langsam wieder aufbauen, indem sie der Belegschaft einen Grund dafür gab, hoffnungsvoll in die Zukunft zu blicken und sich für das Unternehmen zu engagieren.

Um Xerox zu retten, musste Mulcahy harte Maßnahmen ergreifen:

- Umstrukturierung des Unternehmens, um die jährlichen Kosten um 1,7 Milliarden Dollar zu reduzieren.
- Abbau der Schulden um fast 10 Milliarden Dollar durch Abstoßen unrentabler Geschäfte und Aktivitäten.
- Zahlung einer Strafe von 10 Millionen Dollar und komplette Offenlegung der Einnahmen von Xerox, um den Bilanzskandal zu entschärfen.
- Sorgfältige Analyse der Kundenbedürfnisse und Bereitstellung von einer Milliarde Dollar für die Entwicklung neuer Produkte.

Anne Mulcahy hatte Erfolg. Innerhalb von zwei Jahren stieg der Aktienkurs von Xerox um das Fünffache. Doch wie schaffte sie es, das Ruder herumzureißen? Ganz einfach: Sie sorgte für Transparenz, hielt ihre Versprechen und schenkte ihrem weltweiten Team ihr volles Vertrauen.

Transparenz schaffen. Mulcahy legte die Karten offen auf den Tisch. Sie gab Fehler offen zu und stellte sie konsequent ab. Sie sagt: »Meiner Ansicht nach ist Transparenz unerlässlich. Die Unternehmen müssen die Leute vollständig und ehrlich informieren. In der heutigen Welt ist Offenheit enorm wichtig. Die Menschen, die einem folgen sollen, müssen spüren, dass sie einem vertrauen können. Ich glaube, das ist wichtiger denn je.«

Seine Versprechen halten. Anne Mulcahy gab einige entscheidende Versprechen im Hinblick auf die Zukunft des Unternehmens und tat alles, um sie auch zu halten. Vorstandsmitglied Bob Ulrich sagt: »Sie hatte den Mut, nicht von ihren Versprechen abzugehen.«[35]

Mulcahy hatte erkannt, dass das alte Geschäftsmodell von Xerox einfach nicht mehr zeitgemäß war. Daher war sie entschlossen, das Unternehmen von Grund auf zu reformieren. Das war eine gewaltige Herausforderung. »Bei Xerox gibt es jetzt keine reinen Kopiergeräte mehr. Topmoderne Multifunktionssysteme und Kommunikationsmittel, digitale Bildbearbeitung, innovative Dienstleistungen und modernste Hard- und Softwaretechnologien sind die neuen Angebote und Einnahmequellen unseres Unternehmens.«

Seinem Team Vertrauen schenken. Anne Mulcahy schenkte ihrem Team ihr Vertrauen, statt sämtliche Entscheidungen an sich zu reißen und alles genau zu kontrollieren. »Bei großen Unternehmen können Einzelne nicht allzu viel bewegen. Das können nur Teams. Hier gibt es nur einen wahren Weg zum Erfolg: gute Teams aufbauen, die ihrerseits gute Teams aufbauen.«[36]

Nach sechs Jahren an der Spitze von Xerox wurde Anne Mulcahy zum Chief Executive of the Year gewählt – eine wirklich wunderbare »Vertrauensdividende«!

Heute leidet die ganze Welt darunter, dass man einigen wichtigen Menschen und Institutionen zu viel Vertrauen entgegenbrachte. Deshalb ist es schwieriger als je zuvor, anderen Vertrauen zu schenken. Doch wenn man es schafft, anderen zu vertrauen, sind die damit verbundenen Vorteile weitaus höher als die Risiken.

Stephen M. R. Covey berichtet von einer niederländischen Versicherungsgesellschaft, die diese Lektion erst schmerzlich lernen musste. Die Gesellschaft litt unter extrem hohen »Vertrauenssteuern«, die man zahlen musste, weil unglaublich viele Kunden abwanderten. »Auf die Frage, warum sie der Versicherung den Rücken kehrten, antworteten die Leute: ›Weil man uns nicht vertraut.‹«

Da das Unternehmen früher oft auf Versicherungsbetrüger hereingefallen war, prüfte man jede einzelne Schadensersatzforderung ganz genau. Doch dadurch signalisierte man allen Kunden, die ihre Versicherung in Anspruch nehmen wollten: »Sie sind ein Betrüger. Beweisen Sie uns erst mal, dass

Ihre Forderung wirklich berechtigt ist.« Und das Resultat? Die Schadensregulierung war umständlich, bürokratisch und langwierig. Deshalb wanderten die Kunden scharenweise ab.

Die Versicherung beschloss, ihren Kunden wieder zu vertrauen. Das gegenseitige Vertrauen wuchs und die Geschwindigkeit stieg. Fälle, deren Bearbeitung vorher Wochen gedauert hatte, wurden jetzt innerhalb weniger Tage abgewickelt – manchmal sogar in ein paar Stunden. Die Kosten sanken. Und die Unternehmensspitze erkannte, dass der schwerfällige Überprüfungsprozess viel teurer war als die unkomplizierte Schadensregulierung.

> Dadurch signalisierte man allen Kunden, die ihre Versicherung in Anspruch nehmen wollten: »Sie sind ein Betrüger!«

Wie erwartet, wanderten nun nur noch wenige Kunden ab. Und dann ergab sich sogar noch eine »Vertrauensdividende«, mit der niemand gerechnet hatte: Die Zahl der Schadensersatzforderungen sank erheblich. Es stellte sich heraus, dass die Kunden früher so verärgert waren, dass sie auch minimale Schäden reguliert haben wollten. Sie hatten die bürokratischen Systeme der Versicherung lahmgelegt, um sich für das mangelnde Vertrauen zu rächen.[37]

Ein vertrauenswürdiger Charakter

Verhaltensweisen, durch die man Vertrauen aufbauen kann – etwa Respekt vor anderen zeigen, gut zuhören und die Betriebsabläufe kontinuierlich verbessern – sind unverzichtbar, wenn man mitten in einer Vertrauenskrise steckt. Noch wichtiger für die Vertrauenswürdigkeit ist allerdings der eigene Charakter. Unsere Kompetenz mag vielleicht hin und wieder Grenzen haben, doch auf einen guten Charakter ist immer Verlass. Auch wenn es Zeiten geben mag, in denen Sie nicht genau wissen, was Sie tun sollen, werden Sie immer wissen, was das Richtige ist.

> Bei der Wirtschaftskrise handelt es sich um einen Zusammenbruch der moralischen Autorität.

Ihr Team muss nicht nur auf Ihre Kompetenz vertrauen können, sondern auch auf Ihren Charakter. Ist das nicht der Fall, wird es sich nicht von Ihnen führen lassen. Natürlich werden sich die Leute bis zu einem gewissen Punkt Ihrer positionsbedingten Autorität unterwerfen. Doch man wird Ihnen nur vertrauen, wenn Sie auch moralische Autorität besitzen.

Bei der Wirtschaftskrise handelt es sich um einen Zusammenbruch der moralischen Autorität. Moralische Autorität ergibt sich daraus, dass man mit unerschütterlicher Integrität und den besten Absichten handelt.

Bill George, ehemaliger CEO von Medtronic, gehört zu den angesehensten Führungskräften der Welt. Unter seiner Regie stieg der Wert von Medtronic von 1,6 Milliarden auf 60 Milliarden US-Dollar. Zur aktuellen Krise in das Vertrauen zu den Führungskräften sagt er:

> *»Meiner Ansicht nach gibt es viel zu viele Führungskräfte, die nur ihre eigenen Interessen im Blick haben. Sie achten mehr auf ihr Image als auf ihren Charakter. Wir brauchen Führungskräfte mit echter Integrität, die sich dem Aufbau ihrer Organisation verschreiben und andere ermutigen, selbst zu führen. Es ist offensichtlich, dass das Versagen der Führungskräfte den Kern der Krise an der Wall Street bildet.«* [38]

Wenn die Integrität von Führungskräften nicht über jeden Zweifel erhaben ist, werden die Leute ihnen einfach nicht vertrauen. Wir alle kennen das tragische Schicksal von Organisationen, die über Nacht untergingen, weil es zu einer Vertrauenskrise kam. So musste ausgerechnet eine »Ethik-Bank«, die Integrity Bank of Atlanta, von den Behörden dichtgemacht werden, weil deren Gründer Millionen in fragwürdige Immobiliendarlehen pumpten und jede Menge Geld in die eigenen Taschen steckten.[39]

Quy Huy, Professor am INSEAD, sagt: »Die Führungskräfte müssen sich jetzt darauf konzentrieren, echtes Vertrauen aufzubauen ... Daran hat es in den letzten Jahren gefehlt, und das hat viel Misstrauen und Wut heraufbeschworen.«[40]

Wer Mitarbeiter führt, sollte absolut integer sein und mit bestem Beispiel vorangehen. Ein guter Charakter zahlt sich nämlich auch finanziell aus – in Form von »Vertrauensdividenden«. Patricia Aburdene schreibt in ihrem Buch *Megatrends 2020:* »Uns ist noch nicht bewusst, dass hohe moralische Werte ausgesprochen profitabel sind.«[41]

> Uns ist noch nicht bewusst, dass hohe moralische Werte ausgesprochen profitabel sind.

Unternehmen, die gut durch Krisenzeiten kommen, zeigen nicht nur außergewöhnliche Kompetenz, sondern auch echten Charakter. IBM und Procter & Gamble beispielsweise konnten auch in den schwierigen Jahren 2008/2009 hervorragende Ergebnisse erzielen. Doch: Weshalb geht es diesen Unternehmen auch in der Krise gut? Rosabeth Moss Kanter sieht einen der Hauptgründe darin, dass ihnen moralische Werte und Ethik ungemein wichtig sind, auch wenn die Situation plötzlich schwierig wird.[42]

Clevere Kampagnen für den Aufbau von Vertrauen

Unsere Forschungen zeigen, dass mindestens jedes zweite Team schwerwiegende Vertrauensprobleme hat. Eine Umfrage von FranklinCovey und Harris Interactive belegt: 35 Prozent der amerikanischen Arbeiter und Angestellten denken, dass ihre Teams sich »mit bürokratischen Regeln, schleppenden Genehmigungsverfahren, schlechten Strukturen und selbstzufriedenen Interessengruppen« herumschlagen müssen. Jeder fünfte Mitarbeiter leidet unter »sehr niedrigem oder nicht vorhandenem« Vertrauen – »versteckte Agenden, gespaltene Lager, hohe Personalfluktuation, Streitigkeiten mit dem Management oder Abwanderung von Kunden« sind nur einige Symptome.[43] Und knapp die Hälfte der Unternehmen müssen unglaublich hohe Vertrauenssteuern zahlen.

Falls auch Ihre Organisation in einer Vertrauenskrise steckt, sollten Sie eine gut durchdachte Kampagne für den Aufbau von Vertrauen starten. Dabei können Sie sich auf den folgenden Aktionsplan stützen.

Unser Planungstool hilft Ihnen, herauszufinden, welche Schritte Sie ergreifen müssen, um Vertrauen in Ihrer Organisation aufzubauen.

1. Teil: Wo zahlen Sie Vertrauenssteuern, die Sie in Vertrauensdividenden umwandeln könnten?

Beurteilen Sie die Systeme und Prozesse Ihres Teams, um herauszufinden, wo Verbesserungen nötig sind:

	Nicht vorhanden	Schwach	Mittelmäßig	Gut	Hervorragend	Weltklasse
Entscheidungs-findung						
Finanz-Prozesse						

	Nicht vorhanden	Schwach	Mittelmäßig	Gut	Hervorragend	Weltklasse
Interne Kommunikation						
Budgetplanung						
Performance Management						
Einführung neuer Mitarbeiter						
Training						
Strategische Planung						

	Nicht vorhanden	Schwach	Mittelmäßig	Gut	Hervorragend	Weltklasse
Kunden-Feedback						
Marketing						
Meetingkultur						
Informations-systeme						
Produkt-entwicklung & Innovation						

2. Teil: Wo können Sie die stärkste Wirkung erzielen?

Wählen Sie einen, zwei oder drei Punkte aus dem obigen Aktionsplan. Überlegen Sie, was Sie verbessern können, und tragen Sie Ihre Ideen in die folgende Tabelle ein.

System oder Prozess	Transparenz schaffen. Beschreiben Sie die aktuelle Situation – sachlich und klar. Sprechen Sie dann offen mit Ihrem Team darüber. Welche Vertrauenssteuern zahlen Sie momentan? Welche Vertrauensdividenden könnten Sie erzielen, wenn Sie die Situation verändern?

Versprechen halten.	Seinem Team Vertrauen schenken.
Überlegen Sie sich klare Ziele zur Verbesserung. Setzen Sie sich dafür eine Frist und halten Sie Ihr Versprechen auch ein.	Legen Sie fest, welche Leute für die Verbesserungen verantwortlich sind. Machen Sie ihnen Ihre Erwartungen klar und nehmen Sie sie für die Einhaltung der Ergebnisse in die Pflicht.

Der Lehrer lernt viel mehr als der Schüler

Natürlich gilt auch für dieses Kapitel: Am besten lernen wir, wenn wir anderen etwas beibringen. Also, suchen Sie sich jemanden aus dem Kreis Ihrer Kollegen, Freunde oder Familie und vermitteln ihm Ihre Erkenntnisse. Dabei können Sie die folgenden provokanten Fragen stellen oder sich selbst gute Fragen überlegen:

- In Krisenzeiten ist Vertrauen der Faktor, von dem alles abhängt. Weshalb ist das so? Welche klar messbaren Unterschiede ergeben sich durch Vertrauen?

- »Wenn in einer Gesellschaft viel Misstrauen herrscht, werden wirtschaftliche Aktivitäten aller Art gewissermaßen mit einer Steuer belegt. Gesellschaften mit großem Vertrauen brauchen diese Steuer nicht zu zahlen.« – Francis Fukuyama, Wirtschaftswissenschaftler. Fragen Sie Ihren Partner, was dieses Zitat bedeutet. Inwiefern ist Vertrauen ein ökonomischer Faktor?

- Welche »Vertrauenssteuern« zahlen wir, wenn Misstrauen herrscht?

- Welche »Vertrauensdividenden« bekommen Menschen oder Organisationen, denen man viel Vertrauen entgegenbringt?

- Wie wirkt sich geringes Vertrauen auf die Schnelligkeit und die Kosten aus? Welche Beispiele fallen Ihnen dazu ein?

- Wie wirkt sich großes Vertrauen auf die Schnelligkeit und die Kosten aus? Welche Beispiele fallen Ihnen dazu ein?

- Weshalb hängt Vertrauen auch von den Prozessen und Systemen ab, nicht nur von den moralischen Eigenschaften?

- Weshalb ist Transparenz so wichtig, wenn man Vertrauen aufbauen will? Was ist das Gegenteil von Transparenz?

- Weshalb ist es so wichtig, dass man seine Versprechen hält? Was passiert, wenn man das nicht tut?

- Weshalb ist es unerlässlich, anderen zu vertrauen, wenn sie uns ihr Vertrauen schenken sollen?

- Weshalb braucht man sowohl Kompetenz als auch Charakter, wenn man Vertrauen aufbauen will?

3. Mehr mit weniger erreichen

»Wir müssen uns fragen, was in schwierigen Zeiten der entscheidende Punkt ist: dass möglichst viele Dinge erledigt werden? Oder dass man sich voll und ganz auf das Wichtigste konzentriert?«
VINEET NAYAR, IT-MANAGER

In Krisenzeiten reicht es nicht, mehr mit weniger zu erreichen – wir müssen mehr von dem tun, was wirklich wichtig ist.

Die höchsten Berge der Erde zu bezwingen, das erfordert riesige Anstrengungen. Die Temperatur liegt weit unter dem Nullpunkt, der Wind zerrt an den Bergsteigern, die mühsam versuchen, auf den senkrecht abfallenden Eishängen Halt zu finden.

Für einen Blinden dürfte es fast unmöglich sein, den Mount Everest zu besiegen. Doch Erik Weihenmayer hat es geschafft. Als erster Blinder hat er die »Seven Summits«, die sieben höchsten Gipfel aller Kontinente, bezwungen. Er weiß am besten, was man braucht, wenn man unter extremen Bedingungen Erfolg haben will. Sein Ratschlag lautet:

»Bei einer Bergbesteigung tragen wir unser Haus auf dem Rücken und können nicht alles mitschleppen, was wir gern mitnehmen würden. Deshalb achten wir darauf, nicht zu viel ein-

zupacken. Wenn wir dann in größere Höhen kommen und der Aufstieg immer schwieriger wird, müssen wir einen großen Teil der unwesentlichen Dinge, die uns nur belasten und ablenken, ablegen … Man muss Ballast abwerfen und beweglicher werden, damit man das erreichen kann, was man wirklich will. Und wenn man sich in einer Steilwand des Mount Vinson in der Antarktis befindet und eisige Temperaturen herrschen, muss man vielleicht sogar seinen kompletten Rucksack zurücklassen.« [44]

Jeder weiß, dass man in einer Krise mit weniger mehr erreichen muss. Wir alle müssen dafür sorgen, dass unser »Gepäck« nicht allzu schwer ist. Noch wichtiger ist aber, strategisch vorzugehen. Wahrscheinlich denken Sie jetzt: »Wir haben doch schon dafür gesorgt, dass unser Gepäck leicht ist. Wir haben einen Teil unserer Mitarbeiter abgebaut und Rationalisierungsmaßnahmen durchgeführt. Wir haben unsere besten Leute behalten und erreichen jetzt mit weniger Leuten mehr.«

> **Je schwieriger die Zeiten sind, desto strategischer müssen Sie vorgehen.**

Ja, das haben Sie sicher getan. Trotzdem gibt es noch einige Fragen, mit denen Sie sich befassen müssen: Was bedeutet es, mehr mit weniger zu erreichen? Dass man alles machen muss, was man vorher getan hat, nur eben mit weniger Leuten? Sie sagen, dass Sie jetzt mehr mit weniger erreichen – aber mehr wovon?

Eine Verschlechterung der Wirtschaftslage kann Ihnen schaden, doch ein unzulängliches Krisenmanagement kann noch viel mehr Unheil anrichten. Bei einem Abschwung reagieren die meisten Unternehmen sofort, indem sie Mitarbeiter entlassen, Vermögenswerte verkaufen und große Projekte auf Eis legen. Sie rollen sich wie ein Igel zusammen und warten darauf, dass die Lage wieder besser wird.

Die Organisationen, die in der Krise Erfolg haben, tun all das auch – allerdings wesentlich effektiver. Sie unterscheiden sich in zwei wichtigen Punkten von den anderen:

1. Erfolgreiche Organisationen engen ihren Fokus darauf ein, die Loyalität ihrer Kunden und Mitarbeiter zu gewinnen.
2. Sie hinterfragen alles Bestehende und richten es neu auf diesen Fokus aus.

Loyalität bei Kunden und Mitarbeitern aufbauen

Wenn man versucht, mehr mit weniger zu erreichen, lautet die entscheidende Frage: »Mehr wovon?« Die Antwort ist ganz einfach – mehr von dem, was Kunden und Mitarbeitern wichtig ist!

Als Anne Mulcahy 2001 Chefin von Xerox wurde, stand das Unternehmen am Rande des Abgrunds. Der Aktienkurs, der Umsatz, der Ruf von Xerox – all das war ins Bodenlose gestürzt. Und was machte Mulcahy als Erstes? Sie rief den legendären Großinvestor und Unternehmer Warren Buffett an und fragte ihn, was sie tun sollte. Buffett gab ihr den Rat, *sich auf ihre Kunden zu konzentrieren und ihre Leute so zu führen, als ob ihr Leben vom Erfolg von Xerox abhängen würde.*

Anne Mulcahy befolgte diesen Rat. Vier Jahre später hatte Xerox seinen Schuldenberg weitgehend abgebaut und warf wieder Gewinne ab. Der Aktienkurs stieg um das Fünffache. Mulcahy schreibt, dass sie das Ruder nur herumreißen konnte, weil sie den Rat von Warren Buffett befolgte. Das half ihr, die Nebengeräusche herauszufiltern und sich auf die beiden allerwichtigsten Dinge zu konzentrieren.

Anne Mulcahy betont, dass man sich auf den Kundennutzen konzentrieren muss: »Man muss die Kunden im ganzen Unternehmen zur Toppriorität machen und immer wieder die Frage stellen: ›Würde der Kunde dafür Geld ausgeben?‹«[45] Während die anderen Führungskräfte sich mit den geschäftlichen Problemen herumschlugen, betonte sie unermüdlich, dass man sich die Loyalität der Kunden sichern musste. »Wir rissen die Zäune nieder und sorgten dafür, dass unsere Kunden die Auswirkungen der Krise von Xerox nicht zu spüren bekamen. Das wurde zu einer Aufgabe, für die jeder im Unternehmen verantwortlich war. Ich glaube, die Mitarbeiter verstanden, wie wichtig das war.«[46]

> Wenn man versucht, mehr mit weniger zu erreichen, lautet die entscheidende Frage: »Mehr wovon?«

Genauso intensiv wie auf die Kunden konzentrierte sich Anne Mulcahy auch auf die Mitarbeiter. Da die Leute durchschnittlich 15 Jahre bei Xerox blieben, identifizierten sie sich stark mit dem Unternehmen. Um sich die Loyalität der Mitarbeiter zunutze zu machen, besuchte Mulcahy sämtliche Standorte von Xerox. Sie sprach persönlich mit den Leuten und bat sie um Hilfe. Sie erinnert sich:

»Unsere Mitarbeiter waren wirklich außergewöhnliche Menschen. Sie machten Tausende von Sparvorschlägen. Fast jeder brachte seine Ideen ein. Dadurch konnten wir die Kosten im Unternehmen enorm senken … wir schafften es, rund eine halbe Milliarde Dollar zu sparen.«[47]

Natürlich ist es manchmal nötig, Stellen abzubauen. Dabei dürfen Sie allerdings nicht vergessen, dass nur sachkundige Mitarbeiter die Lösungen entwickeln können, die Sie brauchen, um in der Krise Erfolg zu haben. In Krisenzeiten geraten wir schnell in Versuchung, den Fokus von den Kunden und Mitarbeitern auf die Finanzen zu verschieben. Doch: Wenn man sich in Budgets und Bilanzen vergräbt, kann es leicht zu sinnlosen Sparmaßnahmen kommen. So reduzierte ein großer Baumarkt die Kosten, indem er seine erfahrenen Vollzeitkräfte durch billigere Teilzeitkräfte ersetzte. Bei der Kapitalflussrechnung machte sich das zunächst gut – aber bei den Kunden hatte es verheerende Folgen. Die Kunden waren mit der Beratung nicht mehr zufrieden und blieben aus. Der Baumarkt sparte an der falschen Stelle und schadete sich dadurch selbst.[48]

Fokussierung auf die Kunden. Unternehmen, die in turbulenten Zeiten Erfolg haben, konzentrieren sich ganz auf den Kundennutzen. Bei ihren Sparmaßnahmen gehen sie nicht nach dem Rasenmäherprinzip vor. Sie vereinfachen und reduzieren die Dinge, die den Kunden ohnehin nicht so wichtig sind. Bei Unternehmen, die gut durch Krisen kommen, gibt es gewöhnlich eine gut durchdachte Kampagne für die Verbesserung der Kundenbindung.[49] Sie konzentrieren sich darauf, das zu machen, was ihre Kunden von ihnen erwarten.

> In Krisenzeiten geraten Unternehmen leicht in Versuchung, den Fokus von den Kunden und Mitarbeitern auf die Finanzen zu verschieben.

Denken Sie jetzt, dass Sie das doch schon machen? Bitten überlegen Sie noch mal genau. Eine Befragung von Führungskräften aus 362 Unternehmen brachte folgende Ergebnisse:

- 96 Prozent sagten, ihr Unternehmen sei kundenfokussiert.
- 80 Prozent waren der Überzeugung, dass ihr Unternehmen den Kunden einen großartigen Nutzen bietet.

- Doch: Nur acht Prozent der Kunden teilten diese Meinung.[50]

Was für eine Diskrepanz! Wahrscheinlich werden Sie jetzt denken: »Bei uns sind die Werte für die Kundenzufriedenheit ziemlich gut!«

Sie sollten sich aber fragen, ob Ihre Kunden auch loyal sind.

Zufriedenheit und Loyalität sind nämlich nicht dasselbe. Kunden, die lediglich zufrieden sind, machen sich nicht die Mühe, sich zu beschweren. Loyale Kunden dagegen haben eine emotionale Bindung zu Ihrem Unternehmen. Sie kaufen viel und regelmäßig bei Ihnen. Und: Sie würden etwas vermissen, wenn es Ihr Unternehmen nicht mehr gäbe.

> Zufriedenheit und Loyalität der Kunden sind nicht dasselbe.

In schwierigen Zeiten arbeiten viele Unternehmen hart daran, Kosten einzusparen. Die Kunden werden diese Sparmaßnahmen allerdings nicht unbedingt gutheißen. In Krisen muss man für leichtes Gepäck sorgen. Doch bei der Entscheidung, was man mitnehmen will und was nicht, sollte man sich auf den Kundennutzen berufen.

Sicher haben auch Sie schon oft völlig ratlos vor dem Riesenangebot an Zahnpastasorten gestanden. Bekämpfung von Zahnstein? Weißere Farbe? Vorbeugung gegen Karies? Was ist, wenn Sie ein Produkt möchten, das Ihnen das alles gleichzeitig bietet?

Durch Vereinfachung kann man die Unsicherheit beim Kunden oft verringern. Sie können bessere Ergebnisse erzielen, wenn Sie sich auf einfache Angebote mit hohem Nutzen für die Kunden konzentrieren. Hier ein paar Beispiele:

- Unilever bekämpfte die Verwirrung seiner Kunden mit Erfolg, indem es die Zahl seiner Produkte von 1600 auf 200 reduzierte.[51]
- Da Kleinkinder sich nur höchst ungern impfen lassen, entwickelte Sanofi-Pasteuer einen Fünffachimpfstoff und ersparte den Kindern damit gleich mehrere der verhassten Piekser.[52]
- Einige amerikanische Fernsehsender haben sich – weil sie wissen, dass ihre Kunden sich über die komplizierten monatlichen Rechnungen für das Kabelfernsehen ärgern – zusammengeschlossen. Gemeinsam bieten sie jetzt hulu.com an. Hier können die Kunden jede Menge Filme und Serien kostenlos online sehen.

Viele alte Erfolgsrezepte funktionieren heute nicht mehr – beispielsweise, dass man mehr Produkte, Läden oder Absatzwege haben sollte als die Konkurrenz. »Heute ist weniger mehr. Wer die Konkurrenz schlagen will, sollte auf Vereinfachung setzen.«[53] Mit anderen Worten: Machen Sie mehr von dem, was Ihren Kunden wirklich wichtig ist, und weniger von dem, was sie ohnehin nicht interessiert.

Sie sollten sich auf das konzentrieren, was der Kunde wirklich von Ihnen will. Aber: Das bedeutet nicht unbedingt, dass Sie mehr von dem machen sollten, was Sie bisher getan haben. Polaroid ging 2001 bankrott, nachdem es gleich mehrere neue Versionen seiner bewährten Sofortbildkameras auf den Markt geworfen hatte. Canon und anderen Konkurrenten dagegen ging es gut, weil sie auf topaktuelle Digitalkameras gesetzt hatten. Polaroid hatte einen entscheidenden Fehler gemacht: Die Kunden wollten zwar wirklich »Sofortfotos«, aber nicht, wenn sie dafür teure Fil-

> Machen Sie mehr von dem, was Ihren Kunden wirklich wichtig ist, und weniger von dem, was sie ohnehin nicht interessiert.

me kaufen mussten. Im Gegensatz zu Polaroid hatte Canon Erfolg, weil man dort weniger machte und sich ganz aus dem Markt der Analogfotografie zurückzog. Gleichzeitig machte man mehr von dem, was die Kunden wirklich wollten – Digitalkameras.

> Selbst in schweren Zeiten – vielleicht sogar gerade dann – wollen die Leute einen wesentlichen Beitrag leisten, sie wollen etwas bewirken.

Aber wie kann man herausfinden, was den Kunden wirklich wichtig ist? Das ist ganz einfach: Alles, was den Kunden einen Nutzen bringt, ist ihnen wirklich wichtig. Überlegen Sie: »Welche Aufgabe sollen wir unbedingt für unsere Kunden erledigen?« Alle Aktivitäten, die nicht zur Antwort passen, sollten Sie aufgeben. Erfolgreiche Unternehmen werfen alles über Bord, was sie davon ablenkt, ihre Kunden an sich zu binden.

Fokussierung auf die Mitarbeiter. Bei Unternehmen, die ihre Kunden in den Mittelpunkt stellen, ist auch die Loyalität der Mitarbeiter größer. Warum? Ganz einfach: Unsere Studien bei FranklinCovey zeigen immer wieder, dass die Leute vor allem durch das Gefühl motiviert werden, dass ihre Leistung geschätzt wird. Geld dagegen ist bei den meisten zweitrangig.[54] Die Mitarbeiter, vor allem die Wissensarbeiter, wollen etwas Bedeutungsvolles tun. Selbst in schweren Zeiten – vielleicht sogar gerade dann – wollen die Leute einen wesentlichen Beitrag leisten, sie wollen helfen, etwas bewirken.

Anne Mulcahy konnte die Kosten so enorm senken, weil sie die Leute bei Xerox bat, sie mit ihren Ideen zu unterstützen. In Krisenzeiten müssen die Führungskräfte dafür sorgen, dass ihr Unternehmen die Beiträge der Mitarbeiter in den Vordergrund stellt. Sie sollten Stellenbewerber auffordern, das Unternehmen nicht um einen Job zu bitten, sondern ihm Lösungen zu bieten.[55] Wenn Personalabbau droht, sollten Sie Ihren Leuten ganz ehrlich sagen: »Wir werden bald untergehen, wenn wir es nicht schaffen, den Kunden etwas zu bieten, wofür sie uns gerne bezahlen. Was ist das große Problem unserer Kunden, das wir lösen können? Was für einen Beitrag können wir für unsere Kunden leisten?«

Eine Baufirma, bei der massive Entlassungen bevorstanden, war ganz offen zu den Angestellten: »Es gibt kaum noch neue Bauvorhaben. Wir haben kein Geld. Doch wir schätzen euch alle und wollen euch behalten. Was können wir machen, damit wir niemanden entlassen müssen?«

Die Leute hatten Hunderte von Ideen – und schon bald bekam die Firma wieder genügend Aufträge. Das Unternehmen konzentrierte sich jetzt auf die umweltfreundliche Renovierung älterer Gebäude. Man installierte Solaranlagen und wartungsarme Sanitäreinrichtungen und baute energiesparende Geräte ein. Das Geschäft mit der »grünen« Umgestaltung lief hervorragend, sodass kein einziger Mitarbeiter entlassen werden musste.

Wie viele Führungskräfte sagen, dass die Mitarbeiter der größte Aktivposten ihres Unternehmens sind? Dennoch sind sie in den Bilanzen ein Kostenfaktor und kein Aktivposten. Doch in Krisenzeiten sind Ihre Mitarbeiter tatsächlich Ihr größter Aktivposten. Wenn Sie ihre Kreativität und ihr Fachwissen nutzen, wird Ihnen das helfen, die Krise zu meistern.

Den Nutzen für die Kunden in den Mittelpunkt stellen

Je steiler der Aufstieg, desto leichter muss das »Gepäck« sein. Mit weniger mehr zu erreichen, das bedeutet, zu mehr Dingen Nein und nur zum Allerwichtigsten Ja zu sagen.

In Krisenzeiten müssen Sie herausfinden, wie Sie Ihren Kunden den größten Nutzen bieten können, und Ihre Organisation voll und ganz darauf ausrichten.

Bedauerlicherweise entlassen viele Unternehmen einfach Personal und beschneiden so überlebenswichtige Ressourcen. Laut einer Studie von Watson Wyatt »zwingt eine schwache Wirtschaft die Unternehmen, mit weniger mehr zu erreichen. Die Manager üben dann oft Druck auf ihre Spitzenkräfte aus, damit sie noch mehr Aufgaben übernehmen. Doch der zusätzliche Stress ruft oft Enttäuschung und Desinteresse hervor.«

> Selbst die Leistungen der Spitzenkräfte leiden, wenn es an einer klaren Fokussierung fehlt.

Selbst die Leistungen der Spitzenkräfte leiden, wenn es an einer klaren Fokussierung fehlt. Forschungen haben ergeben, dass Mitarbeiter, die mehrere Aufgaben gleichzeitig erledigen müssen, bald »abstürzen und ausbrennen«. In dieser Hinsicht sind wir wie Flugzeuge. Die wenigsten Flugzeugabstürze sind das Ergebnis eines katastrophalen Fehlers – meist gehen mehrere Kleinigkeiten auf einmal schief. Der Pilot muss sich auf zu viele Dinge konzentrieren, und dann kommt es zur Katastrophe.[56]

Im Chaos Klarheit zu finden ist heute wichtiger denn je. In vielen Organisationen gibt es weniger Personal, mehr Verwirrung und mehr Stress: Man erwartet einfach von den Leuten, dass sie genauso viel wie vorher oder sogar noch mehr machen – allerdings mit viel knapperen Ressourcen.

Wahrscheinlich sagen Sie jetzt: »Das lässt sich doch gar nicht vermeiden. Wenn unser Unternehmen überleben soll, müssen wir eben alle mehr leisten.«

Vielleicht ist das tatsächlich so. Sie sollten aber auch denken: »Wie können wir uns auf die Arbeit konzentrieren, die wirklich wichtig ist?«

Was passiert, wenn Ihr Computer überlastet ist? Er wird langsamer. Er beginnt, Ihnen Fehlermeldungen zu geben. Bald geht gar nichts mehr und er stürzt ab.

> »Wie können wir uns auf die Arbeit konzentrieren, die wirklich wichtig ist?«

Wenn Ihre besten Mitarbeiter überlastet sind, müssen Sie das tun, was Sie auch mit Ihrem Computer machen würden: Sie müssen Ballast abwerfen und dann einen Neustart vornehmen.

Anne Mulcahy zögerte nicht, bei Xerox »auf den Reset-Schalter zu drücken«, um die Wende zu schaffen. Sie richtete das Unternehmen schnell und konsequent auf die Topprioritäten der Kunden aus:

»Jetzt haben 50 bis 60 Prozent unserer Leute direkten Kontakt zu den Kunden … Die Kunden haben immer einen persönlichen Ansprechpartner und bekommen schnell und unkompliziert Antworten auf ihre Fragen.« [57]

Bei Xerox müssen die Mitarbeiter jetzt nicht mehr zwei oder drei Jobs gleichzeitig erledigen, sondern nur noch einen, über den sie sich voll und ganz definieren: »Den Kunden helfen!« Falls Ihre Topleute unter großem Stress stehen und der Burnout droht, ist es an der Zeit, die Arbeit auf das Wesentliche zu reduzieren.

Viele Organisationen halten das jedoch nicht für sinnvoll. Die Hälfte der amerikanischen Arbeiter und Angestellten arbeitet über 50 Stunden pro Woche, jeder Vierte das ganze Jahr hindurch, ohne Urlaub. »Das ist das kleine schmutzige Geheimnis der amerikanischen Produktivität: Sie ist nur deshalb weltweit die höchste, weil wir mehr arbeiten als alle anderen.«[58] Nicht etwa, weil wir klug sind und uns auf die Schlüsselprioritäten konzentrieren.

In den Bergen bedeutet »leichtes Gepäck«, dass man auf alles verzichtet, was für den Aufstieg nicht unbedingt erforderlich ist. In Organisationen muss es eine Fokussierung auf die Schlüsselprioritäten geben. Niemand kann es sich leisten, »Gepäck« mitzuschleppen, das für die Aufgaben des Teams nicht dringend gebraucht wird. Das bedeutet, dass es in der gesamten Organisation absolute Übereinstimmung darüber geben muss, was wichtig ist und was nicht.

> Niemand kann es sich leisten, »Gepäck« mitzuschleppen, das für die Aufgaben des Teams nicht dringend gebraucht wird.

Anne Mulcahy sagt heute: »Wenn ich gefragt werde, wie Xerox so schnell so große Fortschritte machen konnte, will man wohl hören, dass es bei der Strategie oder Planung etwas wirklich Geniales gab. Der entscheidende Punkt war aber, dass wir unsere Leute auf gemeinsame Ziele eingeschworen haben.«[59]

Hat sich bei Ihnen im Team wirklich jeder »mit leichtem Gepäck« auf den Weg zum Gipfel gemacht? Wahrscheinlich nicht. Die Wissensarbeiter von heute bestimmen selbst, wie sie ihre Zeit verbringen. Im Gegensatz zu den Industriearbeitern der Vergangenheit entscheiden sie größtenteils allein, womit sie sich gerade beschäftigen.

In der Krise ist der Zeitpunkt gekommen, an dem die Organisationen ihre langsame und schwerfällige Kultur umstellen und schlank und beweglich werden muss. Studien von FranklinCovey haben gezeigt, dass es hier noch viel zu tun gibt:

- Nur neun Prozent der Mitarbeiter fühlen sich den Zielen ihrer Organisation wirklich verpflichtet.
- Lediglich 22 Prozent sind der Meinung, dass ihre Arbeit gut auf die Topprioritäten ihrer Organisation ausgerichtet ist.
- Die Leute wenden 23 Prozent ihrer Zeit für »dringende, aber unwichtige Dinge« auf.
- Sie verbringen 17 Prozent ihrer Zeit mit »kontraproduktiven Aktivitäten«.[60]

Krisen sind eine Chance, auf den Reset-Knopf zu drücken und endlich anzufangen, sich auf die wirklich wichtigen Dingen zu konzentrieren. Erik Weihenmayer, der blinde Everest-Bezwinger, sagt zum Umgang mit widrigen Umständen:

»Das ist ein großartiger Zeitpunkt, um unsere Prioritäten zu überprüfen und uns zu fragen, wie unser Leben wirklich aussehen soll. Jetzt müssen wir jene schweren Entscheidungen treffen … die wir ohnehin vornehmen wollten, für die wir bisher aber zu ängstlich oder zu langsam waren.«[61]

Wir haben ein Planungstool entwickelt, das Ihnen dabei helfen soll, die richtigen Entscheidungen zu treffen.

TIPPS FÜR DIE PRAXIS:
Plan, um mehr mit weniger zu erreichen

Unser Planungstool hilft Ihnen, herausfinden, wie Sie die
Produktivität Ihres Teams am besten steigern können.

Loyalität bei den Kunden aufbauen

Ihre Antworten auf die folgenden Fragen werden Ihnen zeigen,
wie Sie Ihren Kunden mehr Nutzen bieten können:

- Wer sind die wichtigsten Kunden Ihres Teams?

- Wie sehen die wichtigsten Ziele dieser Kunden aus?

- Welche speziellen Aufgaben soll Ihr Team für Ihre Kunden
  erledigen?

Den Nutzen für die Kunden in den Mittelpunkt stellen

Jetzt haben Sie geklärt, was die Kunden von Ihnen erwarten.
Nun geht es darum, dafür zu sorgen, dass Sie die Erwartungen Ihrer Kunden auch erfüllen können. Die folgenden Fragen
helfen Ihnen dabei:

- Womit sollten wir jetzt anfangen, um unsere Kunden
  dabei zu unterstützen, ihre wichtigsten Ziele zu
  erreichen?

- Welche Aktivitäten sollten wir einstellen, weil sie für die
  wichtigsten Ziele unserer Kunden nicht relevant sind?

Mehr mit weniger erreichen

Füllen Sie unter Berücksichtigung Ihrer Antworten auf die oben gestellten Fragen die folgende Verpflichtungserklärung aus:

Wir dienen .... [Schlüsselkunden]

durch .... [Aufgabe],

um ihnen zu helfen, ... [ihre wichtigsten Ziele] zu erreichen.

Um mehr für unsere Kunden zu erreichen, werden wir weniger Zeit und Ressourcen für .... [Systeme, Prozesse oder Aufgaben, die dem Kunden keinen größeren Nutzen bringen] aufwenden

und uns darauf konzentrieren, unsere Zeit und Ressourcen in .... [Systeme, Prozesse oder Aufgaben, die dem Kunden mehr Nutzen liefern] zu investieren.

Der Lehrer lernt viel mehr als der Schüler

Natürlich gilt auch für dieses Kapitel: Am besten lernen wir, wenn wir anderen etwas beibringen. Also, suchen Sie sich jemanden aus dem Kreis Ihrer Kollegen, Freunde oder Familie und vermitteln ihm Ihre Erkenntnisse. Dabei können Sie die folgenden provokanten Fragen stellen oder sich selbst gute Fragen überlegen:

- In unsicheren Zeiten müssen sich alle der Herausforderung stellen, mit weniger mehr zu erreichen. Doch was bedeutet das? Dass man versucht, alles zu machen, was man bisher gemacht hat, aber mit weniger Leuten? Sie sagen, Sie würden mit weniger mehr machen – aber mehr wovon?

- In Krisenzeiten neigen wir dazu, unseren Fokus von den Kunden auf die Finanzen zu verschieben. Welche Risiken bringt das?

- Wo liegt der Unterschied zwischen der Loyalität und der Zufriedenheit Ihrer Kunden?

- Welche Kunden würden Ihr Unternehmen vermissen? Weshalb?

- Was könnten Sie tun, damit mehr Kunden Ihr Unternehmen vermissen würden?

- Welche Aktivitäten, die nicht zum Aufbau der Kundenloyalität beitragen, könnten Sie einstellen?

- Bei einem Stellenabbau bürdet man den verbleibenden Leuten gewöhnlich zusätzliche Aufgaben auf. Mit welchen Risiken ist das verbunden?

- Was ist der Unterschied zwischen »mehr Arbeit leisten« und »mehr Nutzen bringen«?

- Wie könnten Sie dafür sorgen, dass Ihr Team mehr Nutzen bringt, statt einfach nur mehr Arbeit zu leisten?

4. Ängste reduzieren

»Unsere Welt wird vom Extremen, Unbekannten und
höchst Unwahrscheinlichen beherrscht.«
NASSIM NICHOLAS TALEB

In Krisenzeiten ist Angst der größte Feind. Jobs, die auf der
Kippe stehen, immer stärkere Abstriche bei der Altersvorsorge,
hohe Preise oder die Kostenexplosion im Gesundheitswesen –
all das belastet die Menschen. Wirtschaftliche Krisen erzeugen
lähmende psychologische Krisen, die unglaublich viel kosten.
Die endlose Reihe von Schreckensszenarien fordert ihren Tri-
but. Wenn Sie glauben, dass Ihre Leute vor diesem Sturm der
Angst sicher sind, sollten Sie ganz schnell umdenken und sich
einige wichtige Fragen stellen:

- Was kostet Sie die psychologische Rezession?
- Wird Ihre Organisation durch Ängste behindert?
  Werden die Leute durch die Ungewissheit
  gelähmt?
- Haben Sie sich überlegt, wie Sie Ängste in produktive
  Energie umwandeln können?

Was kostet Sie die psychologische Rezession?

Angst ist immer mit hohen Kosten verbunden. Schon in normalen Zeiten »verschlingen Ablenkungen 28 Prozent der Arbeitszeit der US-amerikanischen Beschäftigten ... und Produktivität im Wert von rund 650 Milliarden US-Dollar im Jahr«.[62] In unsicheren Zeiten wie diesen werden die Leute stärker abgelenkt als je zuvor. Da ihr Zuhause, ihre Familien und ihre Jobs in Gefahr sind, fällt es ihnen sehr schwer, sich zu konzentrieren.

Langfristig gesehen gibt es natürlich überhaupt keine sicheren Zeiten. Der Zusammenbruch der Märkte in Asien und der New Economy, das Debakel von Enron und WorldCom, die Terroranschläge vom 11. September 2001, die Kriege in Nahost und die Lähmung der Finanzmärkte – es ist offensichtlich, dass wir nicht in einer beschaulichen, vorhersehbaren Welt leben. Nassim Nicholas Taleb hat recht: »Die Geschichte kriecht nicht dahin, sie springt.«

Diese Erkenntnis ist aber keine große Hilfe, wenn man Angst hat. Und diese Angst ist nicht irrational! Sämtliche Indikatoren für Unsicherheit haben historische Höchstwerte erreicht. Die dadurch bedingte psychologische Krise führt dazu, dass die Leute sich im Job nicht mehr so stark engagieren – und zwar ausgerechnet dann, wenn man ihren vollen Einsatz bräuchte.

»Angst zermürbt uns, sie schadet unserer Gesundheit und unserem Wohlergehen. Angst raubt uns die Fähigkeit, zu hoffen.« Das sagt Shane Lopez, der die Psychologie der Hoffnung erforscht. »Mit der Angst muss man sich bereits zu Beginn der Krise eingehend befassen, und dann muss man sie jeden Tag durch kleine Maßnahmen bekämpfen.«[63]

Wird Ihre Organisation durch Ängste behindert? Werden die Leute durch die Ungewissheit gelähmt?

Wie geht man als Führungskraft richtig mit den Ängsten der Leute um? Olivier Blanchard, Chefökonom beim Internationalen Währungsfonds, rät: »Vor allem muss man die Ungewissheit verringern ... Es ist enorm wichtig, eine klare Linie zu verfolgen und entschlossen zu handeln.«[64]

Wenn man den Leuten eine klare, unmissverständliche Mission gibt, können sie ihre Angst in Produktivität umwandeln.

> Wenn man den Leuten eine klare, unmissverständliche Mission gibt, können sie ihre Angst in Produktivität umwandeln.

Als ein Airbus der US Airways am 15. Januar 2009 auf dem eiskalten Hudson River in New York notlandete, brach unter den Passagieren keine Panik aus. Menschen auf der ganzen Welt waren von den beeindruckenden Bildern fasziniert, die zeigten, wie über 150 Passagiere ganz ruhig auf den Tragflächen des sinkenden Flugzeugs standen und auf ihre Rettung warteten.

Für die Experten war das allerdings keine Überraschung. Bei Flugzeugabstürzen und anderen großen Katastrophen verhalten sich die Leute oft völlig ruhig. Amanda Ripley, die das Verhalten von Menschen in Krisensituationen erforscht, sagt: »Als das Flugzeug auf dem Hudson aufschlug, waren die Leute ruhig. Es waren keine Schreie zu hören – es herrschte Stille, und das ist typisch. Es kommt nicht zum Chaos, zu Hysterie. Das bedeutet aber nicht, dass die Leute keine Angst haben – sie warten darauf, dass man ihnen sagt, was sie tun sollen.«

Die klaren Anweisungen des Piloten waren in dieser Situation genau das Richtige für die Passagiere. Er informierte sie offen über das Problem und sagte ihnen, wie sie damit umgehen sollten.

»Was er machte, ist besonders wichtig … Er hat die Leute früh genug gewarnt. Manchmal wollen der Pilot und die Besatzung den Passagieren nicht sagen, dass es ein Problem gibt. Sie befürchten, dass die Leute dann durchdrehen … Wir wissen, dass die Leute bei Katastrophen sehr gehorsam sind. Daher ist es wirklich hilfreich, ihnen entsprechende Anweisungen zu geben.« [65]

Selbst wenn Sie als Führungskraft nicht sicher sind, was zu tun ist, können Sie viele Ängste beseitigen, wenn Sie offen über die Situation sprechen. In Krisenzeiten »kommt der Kommunikation ganz besondere Bedeutung zu«.[66] Trotzdem haben nur 13 Prozent der Führungskräfte mit ihren Leuten über die aktuelle Krise gesprochen. Fast die Hälfte der Befragten sagt, die Manager hätten »nichts unternommen, um der wirtschaftlichen Angst im Unternehmen zu begegnen«.[67]

> Wenn Sie offen über die Situation sprechen, können Sie als Führungskraft viele Ängste beseitigen.

Dabei ist es unheimlich wichtig, die Angst der Leute zu bekämpfen. Nur: Wie macht man das?

Offen sein und die Fakten auf den Tisch legen. Sie dürfen nicht davon ausgehen, dass alle wissen, welche Auswirkungen die Krise auf Ihr Unternehmen haben wird. Die Leute hören, dass Entlassungen und Einsparungen geplant sind, doch Sie müssen ihnen genau sagen, was Sache ist – und zwar immer wieder. Machen Sie Ihren Mitarbeitern klar, wo Ihr Unternehmen im Moment steht. Legen Sie die Zahlen auf den Tisch und erklären Sie, was passieren wird. Seien Sie ganz ehrlich, machen Sie keine falschen Versprechungen und beschönigen Sie nichts.

Über das sprechen, was als Nächstes kommt. Falls Sie eine Strategie haben, sollten Sie Ihre Pläne genau erklären. Sagen Sie, was jetzt unbedingt passieren muss und welche Rolle jedem Einzelnen dabei zukommt. Geben Sie Ihren Mitarbeitern die Chance, über ihre Sorgen zu sprechen. Und: Wenn Sie noch keine klare Strategie haben, dann bitten Sie Ihre Leute um Hilfe. Sie wissen ja, die Mitarbeiter haben oft die besten Ideen, wie man die Krise bewältigen kann.[68]

Wie die meisten Unternehmen hatte auch der Chemie-Riese E. I. DuPont de Nemours unter dem Abschwung von 2008 / 2009 zu leiden. Doch dort konzentrierte man sich darauf, die Angst zu besiegen. Man beruhigte die Mitarbeiter, deren Zahl in die Zehntausende ging, indem man die Fakten offen auf den Tisch legte und eine eindeutige strategische Richtung vorgab. Die Finanzvorstände sagten klipp und klar, welche Auswirkungen die Krise auf DuPont hatte. Und: Man sorgte dafür, dass die Altersrücklagen der Beschäftigten – hier standen immerhin 18 Milliarden Dollar auf dem Spiel – sicher waren.

Innerhalb kürzester Zeit hatte jeder bei DuPont von einem der Manager erfahren, wie die Strategie des Konzerns aussah und welche Rolle er dabei spielen sollte. Die Mitarbeiter sollten ihre drei besten Ideen für die Aufrechterhaltung des Kapitalflusses vorbringen. Um sich zu vergewissern, dass alle verstanden hatten, worum es ging, führte man zudem eine Mitarbeiterbefragung durch. Hatten die Leute Angst oder waren sie bereit, sich der Krise zu stellen?[69]

Selbst wenn die Wahrheit nicht gerade erfreulich ist, verringert Klarheit die Angst. Oberstes Gebot für Führungskräfte ist: ehrlich sein und die Sorgen und Nöte des Teams ernst nehmen. »In Krisensituationen kommt es zu einer starken kollektiven Angst«, sagt Quy Huy, Professor am INSEAD. Er rät Führungskräften, »durch gut durchdachte Strategien für Ruhe zu sorgen und keine kollektive Panik zu schüren ... Gerade in unbeständigen Zeiten mit ihren großen Herausforderungen zeigt sich, ob Führungskräfte Mut und Tatkraft haben oder nicht.«[70]

Haben Sie sich überlegt, wie Sie Ängste in produktive Energie umwandeln können?

Durch Offenheit und klare Anweisungen kann man viele Ängste erheblich verringern. Doch ihre Wurzeln bleiben. Sie brechen wie wucherndes Unkraut hervor und verschlingen Energie, die man lieber produktiv nutzen sollte. Es reicht nicht, wenn Sie die Angst ignorieren oder Ihren Leuten sagen, sie sollen sich keine Sorgen machen. Effektive Führungskräfte reißen die Ängste mit den Wurzeln aus. Dazu muss man sich klarmachen, dass Angst eine emotionale Reaktion ist. Es gehört heute zu den Aufgaben von Führungskräften, die Gefühle anderer Menschen zu »managen«. Das ist allerdings schwierig, da »Manager ausgebildet werden, Handlungen zu steuern, nicht aber Emotionen«.[71]

Die Wurzeln von Ängsten kann man nur ausreißen, wenn man die Paradigmen ändert, die den Leuten Sorgen machen. Es bringt nichts, die Mitarbeiter dazu zu ermahnen, ihre Ängste zu überwinden oder direkt in den Sturm hineinzulaufen. Wenn Sie Ihren Leuten wirklich helfen wollen, müssen Sie an ihren Paradigmen arbeiten, nicht an ihrem Verhalten.

Wo liegen die Wurzeln der Ängste?

Das Paradigma, das uns Angst einjagt, ist der weitverbreitete Glaube, dass wir keine Kontrolle über das haben, was mit uns passiert. Wir fühlen uns hilflos, weil wir denken, dass die Kräfte der Veränderung so niederschmetternd sind, dass wir ihnen nichts entgegensetzen können. »Erlernte Hilflosigkeit«, wie Martin Seligman es nennt, führt dazu, dass die Leute sich verhalten, als wären sie machtlos – auch wenn sie die unerfreulichen Umstände durchaus verändern könnten.[72]

Das hat schlimme Folgen. Das Gefühl, dass ohnehin alles sinnlos ist, führt dazu, dass die Leute sich innerlich von ihrer Arbeit lösen. Sie betrachten sich als Opfer der Wirtschaft, des Unternehmens, ihrer Kollegen, eines ungerechten Chefs oder des »Systems«. Judith Bardwick beschreibt das folgendermaßen:

> »Erlernte Hilflosigkeit«, wie Martin Seligman es nennt, führt dazu, dass die Leute sich verhalten, als wären sie machtlos – auch wenn sie die unerfreulichen Umstände durchaus verändern könnten.

> *»Wenn die Leute tief in einer psychologischen Krise stecken, haben sie das Gefühl, wirtschaftlichen Problemen hilflos ausgeliefert zu sein. Das führt zu einer negativen Sicht auf die Gegenwart und einer noch pessimistischeren Sicht auf die Zukunft … Diese düstere Einstellung verstärkt den Eindruck der Leute, dass die Welt ein gefährlicher Ort ist, an dem sie wenig oder gar keine Kontrolle haben. Angst, Depressionen und das Gefühl der Ohnmacht sind eine sehr gefährliche Mischung.«[73]*

Als Führungskraft müssen Sie Ihren Leuten helfen, die Wurzel dieser negativen Sicht der Dinge auszureißen. Das können Sie aber nur, wenn Sie den Pessimismus durch eine andere, positivere Einstellung ersetzen. Martin Seligman sagt: »Denkgewohnheiten sind nicht für die Ewigkeit gemacht ... Wir können unsere Sichtweise jederzeit ändern.«

Arbeiten Sie in Ihrem Einflussbereich, nicht in Ihrem Interessenbereich. Jeder von uns hat Ängste und Sorgen, die sich auf sein ganzes Leben erstrecken – Beruf, Familie, die Staatsverschuldung oder die Möglichkeit, dass ein Meteorit auf der Erde einschlagen könnte ... Diese Befürchtungen betreffen unseren persönlichen »Interessenbereich«. Wenn wir uns unseren Interessenbereich näher ansehen, wird deutlich, dass wir hier einiges nicht steuern können. Aber es gibt durchaus Punkte, die wir kontrollieren können – diese Dinge bilden unseren »Einflussbereich«.[74]

Die Kunst besteht darin, dass Sie nur in Ihrem Einflussbereich arbeiten, nicht in Ihrem gesamten Interessenbereich. So werden Sie pro-aktiv und nehmen Ihr Leben selbst in die Hand. Wenn wir unsere Zeit und Energie auf unseren Einflussbereich konzentrieren, haben wir mehr Kontrolle über unsere Zukunft.

Dank der konsequenten Konzentration auf seinen Einflussbereich schaffte es Jeff Bezos, den Internet-Händler Amazon zu einem so großen Erfolg zu machen. Als er das Unternehmen 1994 in seiner Garage gründete, war er überzeugt, dass kontrolliertes Wachstum besser ist als die ungezügelte Expansion anderer Unternehmen in der Blütezeit der New Economy. Er wusste, dass Amazon erst nach langer Zeit Profit abwerfen würde, und machte das seinen Aktionären unmissverständlich klar.

Bezos wollte systematisch und kontrolliert den weltgrößten Einzelhändler aufbauen. Deshalb wählte er den Namen »Amazon« – in Anlehnung an den größten Fluss der Erde, der seinen Ursprung als winziger Bach in den Anden nimmt. Auch der »Bach« der Bücher aus einem Lagerhaus in Seattle ist inzwischen zu einem mächtigen Strom von Produkten aller Art angewachsen. Doch das war nur möglich, weil Bezos ihn umsichtig lenkte.

Er arbeitete mit voller Konzentration in seinem Einflussbereich. Er wachte aufmerksam über Dinge, die seinen Kunden wirklich wichtig waren. Dem Internet-»Goldrausch«, der sich um ihn herum abspielte, schenkte er keine Beachtung. Er blieb innerhalb seines Einflussbereichs, während Tausende von Unternehmen mit schlechter Kapitalausstattung und falschen Konzepten total außer Kontrolle gerieten. Obwohl seine Branche dafür berüchtigt war, dass man sie nicht kontrollieren konnte, blieb Bezos unerschütterlich bei seinem ursprünglichen Konzept. Als sein Unternehmen wuchs, feilte er mit großer Sorgfalt daran, den Lieferprozess schnell, fehlerfrei, billig und »nahtlos« (das war sein Lieblingswort) zu machen. Sein Mantra lautete, alles so einfach zu gestalten, dass man mit »einem einzigen Klick« bestellen konnte.

2001 warf Amazon schließlich erste Gewinne ab. Acht Jahre später nahm Bezos – mitten in der schlimmsten Rezession seit Jahrzehnten – die größte Hürde: Amazon wurde schuldenfrei.

Wenn wir unsere Aufmerksamkeit auf unseren Einflussbereich richten, schalten wir den Unvorhersehbarkeitsfaktor automatisch aus. Wir konzentrieren uns dann auf das, was vorhersehbar ist:

> »Wenn wir glauben, das Problem sei ›da draußen‹, ist genau dieser Gedanke das Problem. Wir geben dem, was da draußen ist, die Macht, Kontrolle über uns zu haben ... Was da draußen ist, muss sich verändern, bevor wir uns verändern können. Der pro-aktive Zugang ist jedoch die Veränderung ›von innen nach außen‹.«[75]

Das, was »da draußen« ist, lässt sich nicht beeinflussen. Wir können nur über das Kontrolle erlangen, was in uns ist – das zeigt die Geschichte von Amazon auf beeindruckende Weise.

Andere Menschen können wir ganz bestimmt nicht kontrollieren.

Das zu versuchen, ist einer der größten Fehler, den Sie als Führungskraft machen können, und eine Hauptquelle der Angst in den Unternehmen.

Halten Sie sich an ein Führungsparadigma aus dem »Zeitalter des Wissens«. Viele Führungskräfte setzen noch immer auf ein Paradigma aus dem Industriezeitalter: Für sie sind Menschen wie Maschinen, die man einer effizienten Kontrolle unterwerfen muss. Vorarbeiter sitzen den Mitarbeitern im Nacken und sorgen dafür, dass sie die Anweisungen von oben genau befolgen. In so einem Arbeitsumfeld hat es beängstigende Folgen, wenn jemand sich nicht an die Regeln hält.

> Wann immer wir glauben, das Problem sei »da draußen«, ist genau dieser Gedanke das Problem.

Weshalb ruft ein derartiges Umfeld Angst hervor? Und was sind das für Ängste? In erster Linie haben die Mitarbeiter Angst vor Verlusten – Angst vor dem Verlust des Arbeitsplatzes, der persönlichen Würde, der Sicherheit, des Status oder der Selbstachtung. Vielleicht haben die Leute sogar eine noch tiefere Angst – Angst vor der Bedeutungslosigkeit, in die man versinkt, wenn man wie ein Rädchen in einer Maschine behandelt wird und nicht wie ein kreativer, zielbewusster Mensch.

Natürlich ging es auch im Industriezeitalter darum, vorhersehbare Ergebnisse zu erzielen – jedes Mal das gleiche Auto oder Werkzeug, die gleiche Teetasse oder den gleichen Toaster zu produzieren. Doch im Bestreben, die Unvorhersehbarkeit auszuschließen, erstickten die Führungskräfte gerade das, was in turbulenten Zeiten wichtig ist: die Fähigkeit, flexibel auf Veränderungen zu reagieren. Durch die Kontrollsucht des Industriezeitalters erstarben der Einfallsreichtum und die Initiative, ohne die Organisationen in einer vom Extremen, Unbekannten und Unwahrscheinlichen beherrschten Welt nicht überleben können. Die Folgen haben wir alle hautnah miterlebt – viele Unternehmen aus dem Industriezeitalter sind untergegangen.

Führung nach einem Paradigma aus dem »Zeitalter des Wissens« ist viel effektiver. Hier werden die Menschen wegen ihrer Fähigkeit, zu lernen, sich anzupassen, innovativ zu sein und unternehmerische Chancen zu ergreifen, geschätzt. Sie werden nicht wie Maschinen behandelt, die man einfach ein- und ausschaltet und irgendwann verschrottet. Wer im Zeitalter des Wissens führen will, muss unterschiedliche Standpunkte würdigen – auch unbequeme.

> Im Bestreben, die Unvorhersehbarkeit auszuschließen, erstickten die Führungskräfte gerade das, was in turbulenten Zeiten wichtig ist: die Fähigkeit, flexibel auf Veränderungen zu reagieren.

Als Hurrikan Katrina über den amerikanischen Bundesstaat Mississippi hereinbrach, zerstörte er große Teile des Stromnetzes. Er zerfetzte unzählige Leitungen, sodass fast 200 000 Menschen ohne Strom dasaßen. Die Zentrale des Versorgungsunternehmens Mississippi Power war nur noch ein Trümmerhaufen und das Zentrum für das Katastrophenmanagement stand unter Wasser. Selbst die größten Optimisten gingen davon aus, dass es Wochen dauern würde, um die Stromversorgung wiederherzustellen.

Bis zum Tag vor der Krise war Melvin Wilson Marketingmanager bei Mississippi Power. Am Tag danach war er für die »Sturm-Logistik« verantwortlich – für 11 000 Mann, die Tausende von Haushalten und Unternehmen wieder mit Strom versorgen sollten. Knapp 9000 von ihnen arbeiteten gar nicht bei Mississippi Power – man holte sie aus anderen Landesteilen, um mit der Katastrophe fertigzuwerden. *USA Today* schrieb:

>*»Wilson brauchte medizinisches Personal, Betten, Essen, Impfstoffe, Duschen, Toiletten und noch viel mehr – und zwar sofort. Er benötigte das Doppelte der Mengen, die im ›Worst-Case-Szenario‹ des Unternehmens vorgesehen waren. Und das auch noch an Orten, an denen es keinen Strom mehr gab, keine Wasserversorgung, keine Telefone ... Wenn Wilson versagte, würden die Menschen hungern und weiter leiden und die Krankenhäuser würden dunkel bleiben. ›Darauf hatte mich mein Job als Marketingmanager nicht vorbereitet!‹, sagt Wilson sichtlich bewegt, als er sich an die schier unmögliche Aufgabe erinnert.«*

Wilson und sein Team meisterten ihre Aufgabe mit Bravour. Schon zwölf Tage nach dem Hurrikan funktionierte die Stromversorgung in ganz Mississippi wieder.

Wie hatten Wilson und seine Leute dieses Wunder vollbracht? Ein paar Jahre früher hätten sie das gar nicht schaffen können. Damals erfolgte das Katastrophenmanagement von oben nach unten – die Anweisungen kamen aus der Zentrale. Die Arbeitstrupps vor Ort warteten darauf, dass man ihnen sagte, was sie tun sollten.

Heute ist das zum Glück anders. Die Gruppen vor Ort treffen selbst Entscheidungen und besorgen alles, was sie brauchen. Eines der Teams baute einen Generator aus einer Eismaschine. Und weil die Einsatztrupps nicht genügend Treibstoff für ihre Instandsetzungsfahrzeuge kaufen konnten, machten sie einfach Tauschgeschäfte: Sie sorgten dafür, dass eine Raffinerie wieder Strom hatte, und bekamen im Gegenzug so viel Diesel, wie sie brauchten.

»Die Arbeitstrupps spannten Leitungen, rammten Pfähle in den Boden, tauschten Transformatoren aus und reparierten das Stromnetz mit einem noch nie da gewesenen Tempo«, erzählt Anthony Topazi, der damalige Chef von Mississippi Power.

Das Erstaunlichste an dieser einmaligen Teamarbeit war die große Selbstlosigkeit. Die Leute machten das alles, obwohl sie wussten, dass ihre eigenen Häuser und Wohnungen unter Wasser standen und ihre Familien große Probleme hatten.

Was hatte Mississippi Power in eine pro-aktive, entschlossene Organisation verwandelt, die in der Krise alle Erwartungen übertraf? Ganz einfach: Das Unternehmen hatte erkannt, dass man den Leuten freie Hand geben muss, anstatt sie zu gängeln. »Mississippi Power hatte seine Kultur auf *Die 7 Wege zur Effektivität* aufgebaut.« Prinzipien wie »Gewinn / Gewinn denken« und »Pro-aktiv sein« fungierten als »Schmiermittel für schnelles Handeln und Innovation vor Ort«.[76] Alle im Unternehmen hatten die Effektivitätsprinzipien verinnerlicht; die Führungsspitze hatte sich an diese Prinzipien gehalten und die Leute dazu befähigt, die bestmöglichen Beiträge zu leisten.[77]

> Vertrauen ist die höchste Form der menschlichen Motivation.

Vertrauen ist die höchste Form der menschlichen Motivation. Mississippi Power vertraute darauf, dass die Leute ihre Aufgabe erfüllen würden, ohne dass man ihnen genau vorgeben musste, was sie tun sollten. Das Unternehmen folgte einem völlig neuen Führungsparadigma:

- Mississippi Power war von einem Paradigma aus dem Industriezeitalter (Kontrolle) zu einem aus dem Wissenszeitalter (Befähigung) übergegangen.
- Das Unternehmen hatte das Paradigma, nach dem die Mitarbeiter menschliche Maschinen ohne Herz und Verstand sind, aufgegeben. Nun setzte man auf das Talent und den Einfallsreichtum der Leute.

- Man konzentrierte sich nicht mehr auf die Arbeitsmethoden, sondern auf die Ergebnisse. Die Führungskräfte sagten ihren Leuten nicht mehr, wie sie ihre Arbeit machen sollten. Sie vertrauten ihnen und ließen sie selbst entscheiden, was in dieser schwierigen Situation das Richtige war.

Das Verhalten von Mississippi Power während der Krise nach Katrina zeigt, dass uns eine wichtige Mission viel stärker motiviert als unser Gehalt oder die Angst vor unserem Chef. Der Psychologe Abraham Maslow war überzeugt, dass das eigene Überleben in der Hierarchie der menschlichen Bedürfnisse als Erstes kommt und die Erfüllung einer Mission, eines höheren Zwecks als Letztes.[78] Doch im Dienst einer wichtigen Mission werden die Leute ganz außergewöhnliche Dinge tun und ihre eigenen Bedürfnisse in den Hintergrund stellen. Ihr Gewissen treibt sie an. Wenn die Mission wirklich wichtig ist, besiegen die Leute ihre Ängste.

> Wenn die Mission wirklich wichtig ist, besiegen die Leute ihre Ängste.

Zu viele Organisationen leiden unter den Nachwirkungen des Industriezeitalters wie unter einem Kater. Die Leute werden behandelt, als wären sie Dinge, auswechselbare Teile, ein unvermeidlicher Kostenfaktor in der Bilanz. Die Mitarbeiter leben in der Angst, ihre Jobs zu verlieren, wenn sie nicht »spuren« und das machen, was man ihnen sagt. Doch so besteht die Gefahr, dass die Führungskräfte in einer Krise noch weiter in das Kontrollparadigma des Industriezeitalters zurückfallen und das Klima der Angst immer mehr verstärken.

Weshalb sollte die Bekämpfung der Angst zu Ihren Topprioritäten beim Umgang mit Krisen gehören? Ganz einfach: Wer die Angst besiegt, hält den Schlüssel für vorhersehbare Ergebnisse in der Hand. Wenn die Mission wirklich wichtig ist, werden Ihre Leute bei der Arbeit keine Angst haben. Doch je strenger die Kontrollen sind, desto mehr Angst erzeugen Sie. Und dann ist es sehr unwahrscheinlich, dass Sie Ihre Mission verwirklichen können. Wenn man talentierte, motivierte, erfinderische Menschen mit einer hohen Mission betraut, werden sie Wege finden, sie zu realisieren. Sie können ihnen vertrauen und brauchen sich ihretwegen keine Sorgen zu machen.

Die folgenden Fragen helfen Ihnen, herauszufinden, wie Sie
Ängste reduzieren und das Engagement Ihres Teams steigern
können. Nehmen Sie sich ausreichend Zeit für Ihre Antworten
und stellen Sie die Fragen auch Ihrem Chef, Ihrem Team und
Ihren Kollegen.

- Auf welche Dinge in unserem Interessenbereich
  konzentrieren wir uns, obwohl sie außerhalb unserer
  Kontrolle liegen, sodass wir unsere Energie damit
  verschwenden?

- Auf welche Dinge aus unserem Einflussbereich sollten
  wir uns stattdessen konzentrieren?

- Welche unserer Verhaltensweisen, Systeme und
  Prozesse stammen noch aus dem Industriezeitalter?

- Was können wir tun, um all das zu verändern und im
  Wissenszeitalter anzukommen?

Der Lehrer lernt viel mehr als der Schüler

Natürlich gilt auch für dieses Kapitel: Am besten lernen wir, wenn wir anderen etwas beibringen. Also, suchen Sie sich jemanden aus dem Kreis Ihrer Kollegen, Freunde oder Familie und vermitteln ihm Ihre Erkenntnisse. Dabei können Sie die folgenden provokanten Fragen stellen oder sich selbst gute Fragen überlegen:

- Warum verursachen wirtschaftliche Probleme eine »psychologische Krise«? Was bedeutet dieser Begriff?

- Unter welchen Ängsten leiden die Menschen in einer von Krisen geschüttelten Wirtschaft?

- Welche Kosten bringt die »psychologische Krise« für Mitarbeiter und Organisationen?

- Wie können Führungskräfte ihren Mitarbeitern helfen, ihre Ängste in schwierigen Zeiten zu besiegen?

- Weshalb ist eine klare Mission für die Überwindung von Ängsten so wichtig?

- Worüber sollten Sie als Führungskraft Ihre Leute in einer Krise unbedingt informieren?

- Was tun Führungskräfte manchmal, obwohl sie dadurch noch mehr Ängste erzeugen, statt sie zu reduzieren?

- Welche Folgen hat es, wenn man zu viel Kontrolle ausübt?

- Was können Sie tun, um die Ängste in Ihrem Team zu reduzieren?

Fazit

»Obwohl unsere Welt so gefährlich und unsicher wirkt,
haben wir es in der Hand, eine erfolgreiche, stabile und
bessere Zukunft zu schaffen.«
JOSHUA COOPER RAMO

Die Tour de France wird in den Bergen gewonnen. Auch in der Wirtschaft, im Bildungswesen und in der Politik haben nur die Organisationen Erfolg, die in unsicheren Zeiten gute, vorhersagbare Ergebnisse erzielen.

Um das zu verdeutlichen, wollen wir uns die Entwicklung der beiden Kamerahersteller Polaroid und Canon noch einmal genauer ansehen. Die neue Technologie der Digitalkameras stellte beide vor ganz neue Herausforderungen. In den 1990er-Jahren sah Polaroid wie der große Gewinner aus. Die bewährten Sofortbildkameras waren gewissermaßen der Rasierapparat, die Filme waren die Klingen. Der Umsatz von Polaroid schoss durch eine Flut neuer Modelle in die Höhe: Es gab eine Barbie-Kamera für die Mädchen, eine Business-Pro-Kamera fürs Büro oder die I-Zone für Teenager. Das alte Geschäftsmodell, bei dem man die Kameras fast verschenkte, um mit den teuren Filmen große Gewinne einzustreichen, schien sich zu bewähren. Doch 2001 war Polaroid bankrott. Der Aktienkurs war um fast 100 Prozent gefallen – von 60 US-Dollar im Jahr 1997 auf 28 Cent.[79]

Canon dagegen stieg Ende der 1990er-Jahre mit großem Engagement in die Digitalfotografie ein und das Unternehmen entwickelte sich prächtig. 2001 brachte Canon die erste Digitalkamera für den Massenmarkt heraus. Sie war billig, zuverlässig und die Kunden mussten keine teuren Filme mehr kaufen. Das war ein echter Hit. Der Aktienkurs kletterte steil nach oben, wie eigentlich fast immer seit 1933, als Goro Yoshida in Japan seine erste »Kwannon«-Kamera verkauft hatte.

Mitten in der Rezession von 2008/2009 war die Canon-Aktie doppelt so viel wert wie 1997, auf dem Höhepunkt des Technologie-Booms. Die Gewinnspannen des Unternehmens übertrafen die der Konkurrenz bei Weitem. Und Canon wird Jahr für Jahr zur »vertrauenswürdigsten Kameramarke« gewählt.[80]

Aber weshalb erlebt das eine Team »in den Bergen« einen Zusammenbruch, während das andere gut vorankommt und gewinnt?

Ganz einfach – die Prinzipien für den Erfolg in den Bergen sind bewährt und verändern sich nie:

- ▪ Strategien erfolgreich umsetzen.
- ▪ Schnelligkeit durch Vertrauen schaffen.
- ▪ Mehr mit weniger erreichen.
- ▪ Ängste reduzieren.

Teams, die sich nicht an diese Prinzipien halten, werden immer das Nachsehen haben, wenn das Terrain schwieriger wird. Sie verlieren ihre strategischen Prioritäten aus dem Blick. Sie verlieren den Schwung, der entsteht, wenn man vertrauenswürdige Teamgefährten, Systeme und Prozesse hat. Sie verlieren die Konzentration auf die Aufgabe, die es zu bewältigen gilt. Und sie verlieren das Vertrauen zu sich selbst.

Polaroid rollte mit vollem Tempo in die Berge. Anfangs lag man bei der Entwicklung der Digitalfotografie sogar vor der Konkurrenz. Doch dann führte mangelnde Klarheit im Hinblick auf die Unternehmensstrategie zu verhängnisvollen Verzögerungen. Man geriet ins Hintertreffen und versäumte es dann auch noch, ausreichend in die neue Digitalfotografie zu investieren. Angesichts der Unklarheit über die Prioritäten verlor Polaroid aus dem Blick, was die Kunden wirklich wollten. Sie wollten keine teuren Filme mehr kaufen, sondern neue günstige Digitalkameras. Doch die konnte Polaroid den Kunden nicht bieten.

Zudem verlor die Führungsspitze von Polaroid das Vertrauen der Mitarbeiter, weil sie dicke Prämien einstrich, während die Hälfte der Belegschaft entlassen wurde.[81] Der endgültige K.o.-Schlag war dann der Absturz der Technologieaktien im Jahr 2000. In den Märkten griff die Angst um sich und Polaroid brach zusammen.

Canon musste dieselben Herausforderungen meistern wie Polaroid. Doch bei Canon lief alles ganz anders. Man stellte die Wünsche der Kunden voll und ganz in den Mittelpunkt. Deshalb übertrug Canon einer ganzen Abteilung die Aufgabe, ein tragfähiges Geschäftsmodell für die Digitalkameras zu entwickeln. Zudem sorgte man dafür, dass alle im Unternehmen die damit verbundene Strategie verstanden. Wie erwartet, brachte die digitale Fotografie Canon schließlich ganz groß ins Geschäft.[82]

Intern baut Canon durch ein dreigliedriges System, das Sanbun-setsu-System, Vertrauen auf: Als Erstes werden die Beschäftigten am Gewinn beteiligt, dann die Investoren und das Management. Außerdem stärkt das Unternehmen die Loyalität seiner Mitarbeiter durch seine drei bewährten Management-»Säulen«:

- Beförderung auf Basis der Kompetenz,
- volles Engagement für die Gesundheit der Mitarbeiter,
- absolute Familienfreundlichkeit.[83]

Da Canon auch in schwierigen Zeiten konstant hervorragende Ergebnisse erzielt, ist das Unternehmen an den Kapitalmärkten sehr gefragt. Kunden, Mitarbeiter und Investoren blicken zuversichtlich in die Zukunft.

Und wie sieht es bei Ihrem Team aus? Ähneln Sie eher Polaroid oder Canon? Können Sie vorhersagbar gute Ergebnisse erzielen – auch in unsicheren Zeiten?

Stellen Sie sich bitte die folgenden Fragen und kreuzen Sie das jeweils zutreffende Kästchen an:

	JA	NEIN
Weiß jeder im Team genau, wie die Ziele der Organisation aussehen?		
Kennt jeder im Team seine Rolle beim Erreichen dieser Ziele?		
Weiß jeder, was die Kenngrößen für den Erfolg sind und wo das Team hier im Moment steht?		
Setzen die Teammitglieder sich oft und regelmäßig zusammen, um sich über die Fortschritte bei den Teamzielen auf dem Laufenden zu halten?		

Steigern Sie das Leistungsniveau der Mitte – helfen Sie allen, das Niveau der Topleistungsträger zu erreichen?		
Stammt ein großer Teil Ihrer Einnahmen aus Folgegeschäften?		
Ist die Personalfluktuation bei Ihnen im Branchenvergleich ziemlich niedrig?		
Sind Sie sicher, dass Sie das tun, was Ihre Kunden von Ihnen erwarten?		
Bieten Sie Ihren Kunden den größtmöglichen Nutzen?		
Sind die Teammitglieder so von ihrer Mission überzeugt, dass sie sich nicht von Ängsten und Befürchtungen niederdrücken lassen?		
Summe Ja/Nein		
GESAMTERGEBNIS: Zahl der Jas		

AUSWERTUNG	
9 bis 10	Sie sind in einer guten Position, um hervorragende Ergebnisse zu erzielen – auch in unsicheren Zeiten.
7 bis 8	In schwierigen Zeiten werden Ihre Ergebnisse schwanken.
5 bis 6	Ihr Team wird es in turbulenten Zeiten nicht leicht haben.
3 bis 4	Das Überleben Ihrer Organisation ist ernsthaft gefährdet.
0 bis 2	Denken Sie auf dem Weg nach draußen bitte daran, das Licht auszumachen und die Tür hinter sich zu schließen.

Um ganz offen zu sein: Sollten Sie auch nur eine der Fragen mit Nein beantwortet haben, besteht die Gefahr, dass Sie »in den Bergen« in ernste Schwierigkeiten geraten. Die Teams, deren Umsetzung hervorragend ist, die enorm vertrauenswürdig sind, ihren Kunden den größtmöglichen Nutzen bieten und ihren Mitarbeitern ein bedeutsames Ziel geben, an das sie glauben können, werden Sie dort abhängen.

Die Zukunft ist nicht vorhersehbar. Die Unsicherheit, die sie mit sich bringt, lässt sich nicht in Sicherheit verwandeln. Aber es gibt Prinzipien, auf die Sie sich auch in unsicheren Zeiten verlassen können:

- Sie können nur wenig in die Berge mitnehmen!
  Deshalb sollte es sich dabei um wirklich wichtige Dinge handeln.
- Man wird Ihnen nur so weit vertrauen, wie Sie vertrauenswürdig sind.
- Wenn die Kunden das, was Sie verkaufen, wirklich brauchen, werden sie auch eine Möglichkeit finden, es zu bezahlen.
- Das Einzige, was stärker ist als Angst, ist ein großes Ziel. Deshalb müssen Sie dafür sorgen, dass Ihr Ziel überzeugend ist.

Bitte denken Sie immer daran: Diese Prinzipien werden Sie nie im Stich lassen – auch nicht in den Bergen und in schwierigen Zeiten!

Anhang

Anmerkungen

1. *IBM Institute Report*, S. 4.
2. »Riding in Fast Company: Lance Armstrong and Team USPS«, *Fast Company*, 8. Februar 2008.
3. »CEO Challenge 2008: Top 10 Challenges«, *Report of the Conference Board*, November 2008, S. 5.
4. *FranklinCovey xQ Database Averages*, 31. Dezember 2008. »The Execution Quotient: A FranklinCovey White Paper«, 3. März 2004.
5. Erika Herb et al., »Teamwork at the Top«, *McKinsey Quarterly*, August 2002.
6. *IBM Institute Report*, S. 12.
7. Robert S. Kaplan und David P. Norton, »Strategy Execution Needs a System«, *HarvardBusiness.org Voices*, 20. April 2009.
8. »The Crash of Eastern Airlines 401«, http://eastern401.googlepages.com/home.
9. Orit Gadiesh und Hugh MacArthur, *Lessons from Private Equity Any Company Can Use*, Harvard Business Press 2008, S. 16.
10. John W. Miller, »Maersk: Container Ship Cuts Costs to Stay Afloat«, *Wall Street Journal*, 8. April 2009.

11. A. P. Moller-Maersk A/S, *Jahresbericht 2008*.

12. Sie finden mehr Details zum xQ sowie die Möglichkeit, den Fragebogen zu testen, unter: www.fuehren.franklincovey.de.

13. »Maersk Container Industry Case Study«, Franklin-Covey Center for Advanced Research, http://franklincoveyresearch.org/documents/textsearch?criteria=maersk.

14. *Everest: Taking the Team to the Summit*, FranklinCovey InSights Video.

15. Gadiesh und MacArthur, S. 24.

16. Brion O'Connor, »American Flyers«, *ESPN*, http://sports.espn.go.com/espnmag/story?section=magazine&id=3742027.

17. »Driving Business Results Through Continuous Engagement«, *2008/2009 WorkUSA Survey Report*, Watson Wyatt Worldwide, 2009, S. 1.

18. »The Economic Impact of the Achievement Gap in America's Schools: Summary of Findings«, *McKinsey Quarterly*, April 2009.

19. Thomas Friedman, »Swimming Without a Suit«, *New York Times*, 21. April 2009.

20. David L. Cooperrider und Diana Whitney, *Appreciative Inquiry: A Positive Revolution in Change*, Berrett-Koehler 2005.

21. Stephen R. Covey, »8th Habit Leadership: Unleashing Potential«, *Chief Learning Officer*, Oktober 2005.

22. Gautam Naik, »Hospital Races to Learn Lessons of Ferrari Pit Stop«, *Wall Street Journal*, 14. November 2006.

23. *Speed Up Your Team: Continuously Improving Team Processes*, FranklinCovey InSights Video.

24. »Trust in Governments, Corporations, and Global Institutions Continues to Decline«, Global Survey of the World Economic Forum, 15. Dezember 2005, *Conference Board Report*, S. 5.

25. Stephen M. R. Covey, *Schnelligkeit durch Vertrauen: Die unterschätzte ökonomische Macht*, Offenbach 2009, S. 31–33.

26. *IBM Institute Report*, S. 3.

27. »Michael Schumacher – The Best Driver in the Car Racing Sport, a Legend in His Own Lifetime«, *German Culture Magazine*, http://www.germanculture.com.ua/ library/weekly/michael-schumacher.htm.

28. David Tremayne, »Flawed Genius Schumacher Calls Time on Brilliant Career«, *Independent*, 11. September 2006.

29. In seinem Buch »Schnelligkeit durch Vertrauen« beschreibt Stephen M. R. Covey 13 Regeln zum Aufbau von Vertrauen. Alle 13 Vertrauensregeln finden Sie unter www.fuehren.franklincovey.de.

30. Stephen M. R. Covey, »Daring to Trust Again«, Interview mit Newton Holt, *Associations Now*, Juli 2007.

31. Terry Macalister, »Full of Beans: Howard Schultz, Chairman of Starbucks«, *Guardian*, 16. Oktober 2004.

32. Stephen M. R. Covey, »Daring«.

33. Stephen M. R. Covey, »Daring«.

34. Betsy Morris, »The Accidental CEO«, *Fortune*, 9. Juni 2003, S. 45.

35. »2008 Chief Executive of the Year«,
    ChiefExecutive.net. http://www.chiefexecutive.net/
    ME2/dirmod.asp?sid=&nm=&type=Publishing&mod=
    Publications%3A%3AArticle&mid=8F3A702742184197
    8F18BE895F87F791&tier=4&id=01425EF8AE72494B9
    D15BDDCEC6C5733.

36. Don Tennant, »Anne Mulcahy on Getting the Color
    Back into Xerox«, *CIO*, 17. Juni 2008.

37. Stephen M. R. Covey, »The Speed of Trust Tour«,
    Vortrag in San Francisco, Sir Francis Drake Hotel,
    30. April 2009.

38. »Wall Street's Latest Crisis of Leadership«, *BusinessWeek*,
    3. Oktober 2008.

39. »Alpharetta-based Integrity Bank Fails«, *Atlanta Journal-
    Constitution*, 29. August 2008.

40. Quy Huy, »Leadership in Crisis«, *INSEAD Knowledge*,
    http://knowledge.insead.edu/
    LeadershipinCrisis081216.cfm?vid=156.

41. Patricia Aburdene, *Megatrends 2010: The Rise of Conscious
    Capitalism*, Hampton Roads 2007, S. 27. – *Megatrends
    2020: Sieben Trends, die unser Leben und Arbeiten verändern
    werden*, Bielefeld 2008.

42. Rosabeth Moss Kanter, »The Value of Role Models in
    the Downturn«, *HarvardBusiness.org Voices*, 2. März 2009.

43. FranklinCovey-Harris Interactive »Trust Quotient«
    Survey Results of 12,000 American Workers, bei
    FranklinCovey erhältlich.

44. Erik Weihenmayer, »Touch the Top«, Podcast vom
    13. April 2009. http://www.touchthetop.com/press/
    press.htm#04-13-09-2.

45. Anne M. Mulcahy, »From the Podium«, MIT Leadership
    Center, http://sloanleadership.mit.edu/r-mulcahy.php.

46. »Crisis Helped to Reshape Xerox in Positive Ways«, *Knowledge@Wharton*, 16. November 2005.

47. Gianna Englert, »Anne Mulcahy«, http://www.capitalistchicks.com/?q=node/237. Fassung vom 29. April 2009.

48. »Crisis«, *Knowledge@Wharton*.

49. Rita McGrath, »A Better Way to Cut Costs«, *Harvard-Business.org Voices*, 9. März 2009.

50. *IBM Institute Report*, S. 6 f.

51. C. Crum et al., *Demand Management Best Practices*, J. Ross Publishing 2003.

52. »Top 10 Medical Breakthroughs of 2008«, *Time Magazine*, http://www.time.com/time/specials/ 2008/top10/article/0,30583,1855948_1863993_ 1864002,00.html.

53. Pete Cashmore, »Recession Is the Mother of Tech Invention«, *Mashable: The Social Media Guide*, http://mashable.com/2008/10/12/recession-is-the- mother-of-tech-invention. Fassung vom 20. April 2009.

54. *Watson Wyatt Worldwide Report*, S. 19.

55. Den konkreten Praxistipp von Stephen R. Covey dazu finden Sie unter www.fuehren.franklincovey.de.

56. Malcolm Gladwell, *Outliers: The Story of Success*, Little, Brown 2008, S. 183. – *Überflieger: Warum manche Menschen erfolgreich sind – und andere nicht*, Frankfurt 2009.

57. »Crisis«, *Knowledge@Wharton*.

58. Chuck Salter, »Solving the Real Productivity Crisis«, *Fast Company*, 19. Dezember 2007.

59. »From the Podium«, MIT Center.

60. »The Execution Quotient: The Measure of What

Matters. A FranklinCovey White Paper«, FranklinCovey Center for Advanced Research.

61. Weihenmayer, »Touch the Top«.

62. Maggie Jackson, »May We Have Your Attention, Please?«, *BusinessWeek*, 12. Juni 2008.

63. Jennifer Robison, »What if the Recession Endures?«, *Gallup Management Journal*, 2. April 2009.

64. Olivier Blanchard, »Nearly Nothing to Fear but Fear Itself«, *Economist*, 29. Januar 2009.

65. Gary Hershorn, »Survival Lessons from a Sinking Plane«, *Reuters News Service*, 16. Januar 2009.

66. Robison, »What if«.

67. »Economic Anxiety Poll Results«, *Elliott Masie's Learning Trends*, 1. Oktober 2008.

68. John Baldoni, »How to Talk to Your Employees About the Recession«, *HarvardBusiness.org Voices*, 29. April 2009.

69. Ram Charan, *Leadership in the Era of Economic Uncertainty*, McGraw-Hill 2008.

70. Quy Huy, »Leadership in Crisis«, *INSEAD Knowledge Base*.

71. James McIntosh, »Nonsense at Work«, *Fast Company*, 16. Februar 2009.

72. Martin Seligman, *Helplessness: On Depression, Development, and Death*, San Francisco 1975. – *Erlernte Hilflosigkeit*, München 1979.

73. Abstract of Judith M. Bardwick, *One Foot Out the Door*, AMACOM 2007.

74. Stephen R. Covey, *Die 7 Wege zur Effektivität: Prinzipien für persönlichen und beruflichen Erfolg*, Offenbach 2005, S. 95.

75. Covey, *Wege*, S. 89/101.

76. Einen Überblick über die 7 Wege zur Effektivität finden Sie unter www.fuehren.franklincovey.de.

77. »FranklinCovey Presents Leadership Greatness Award to Mississippi Power«, *SouthernCompany Media Room*, http:// southerncompany.mediaroom.com/index. php?s=43&item=173. Fassung vom 30. April 2009.

78. Abraham H. Maslow, »A Theory of Human Motivation«, *Psychological Review*, Bd. 50, S. 370–396.

79. S. M. Chung, »Polaroid Goes Bankrupt, Plans to Sell Existing Assets«, *Tech Online Edition*, 23. Oktober 2001.

80. »Canon Most Trusted Brand«, *ePhotozine*, 6. März 2009; »Canon USA Honored with #1 Ranking in Brandweek's Customer Loyalty Survey«, *Business Wire*, 13. Juni 2006 und 26. Februar 2009.

81. Michael K. Ozanian, »Out of Focus«, *Forbes*, 22. Januar 2001.

82. Graham Hill, »Harness Your Best Customers to Drive Successful Innovation«, mycustomer.com. Fassung vom 11. Mai 2009.

83. »Canon Camera Story«, http://www.canon.com/ camera-museum/history/canon_story/1937_1945/ 1937_1945.html. Fassung vom 28. Mai 2009.

Stichwortverzeichnis

Leserstimmen

»Die unumstrittene Koryphäe im Bereich ›People Effectiveness‹ hat eine weitere wahre Perle geschrieben! Dieses Buch liefert Führungskräften auf allen Ebenen prinzipienbasierte und nachweislich wirksame ›Bausteine‹, die auch Sie und Ihre Organisation dabei unterstützen können, in einem sich konstant verändernden Umfeld nachhaltig erfolgreich zu sein. Lesen Sie es, tauschen Sie sich dazu aus, wenden Sie es an, haben Sie damit Erfolg. Viel Spaß dabei!«
Marcel Deveny,
VP Sales, LEGO Central Europe

»Geschäftserfolge werden genau wie Radrennen in den Bergen entschieden – das sagt eigentlich alles. In planbaren Zeiten ist es noch relativ einfach, sich an Präzision, Umsetzung und Fokussierung zu erinnern und diszipliniert umzusetzen. Doch wenn es steiler wird und die Straßen unwägbarer sind, wird es sich zeigen, wer seinen Weg gehen kann, ohne Furcht aufkommen zu lassen. Wer in guten Zeiten noch ohne Team ausgekommen ist, der wird spätestens in unvorhersehbaren Situationen realisieren, dass es ohne Team nicht geht. Dieses Buch liefert viele Anregungen auch für interne kollegiale Diskussionen!«
Marianne Neuendorff,
Leitung Human Resources, Bahlsen GmbH & Co. KG

»Die Weltwirtschaft ist so unberechenbar und schnelllebig wie nie zuvor. Großbanken gehen über Nacht Bankrott und Staaten stehen vor der Pleite. Dennoch schaffen es einige Organisationen, in dieser unvorhersehbaren Zeit herausragende Ergebnisse zu erzielen. Doch wie? Stephen R. Covey gibt in diesem Buch die Antwort und beschreibt, wie Führung unter diesen neuen Bedingungen aussehen sollte und welche wesentlichen Prinzipien dabei beachtet werden müssen. Wieder einmal schafft es Stephen R. Covey, die aktuelle Wirtschaftslage auf den Punkt zu bringen und die notwendigen Implikationen daraus abzuleiten.«

Dr. Björn Michaelis,
Vertretungsprofessur Arbeits- und Organisations-
psychologie, Universität Heidelberg

»Wenn es darauf ankommt, die richtigen Dinge richtig zu tun, so bringt es dieser praktische Ratgeber auf den Punkt! Gespickt mit vielen Beispielen aus dem Unternehmensalltag vermittelt das Buch ein einfaches, klar strukturiertes Handlungskonzept für das ganze Team – es gehört eigentlich auf den Schreibtisch jeder Führungskraft.«

Heinz von Allmen,
Vice President Training & Development,
JT International

»Hervorragende Zusammenstellung von praxisnahen Grund-prinzipien der Unternehmensführung, überzeugend untermauert mit guten Analogien – die beschriebenen Elemente einer erfolgreichen Firmenkultur bestechen durch Klarheit und lassen sich auf allen Stufen einer Organisation implementieren.«

Dr. Alain M. Ritter,
Head Human Resources, Georg Fischer Piping
Systems Ltd.

»*Bezahlen wir Vertrauenssteuer? Wer würde uns vermissen, wenn wir nicht mehr hier wären? Stephen Covey stellt ein paar grundsätzliche Fragen, aber sein neues Buch enthält auch viele Lösungsansätze, wie man eine Organisation oder ein Team dazu führen kann, konstantere Leistungen zu zeigen. Das Buch half mir zu fokussieren und Prioritäten zu setzen.*«

Dr. Dominik Höchli,
General Manager, Abbott AG

»*Das Buch liefert wertvolle Hinweise zu Anpassungen an unsichere Zeiten – durch die Beachtung einfacher praktischer Prinzipien. Jedes dieser vier Prinzipien wird durch einen theoretischen Impuls eingeführt und dann mit absolutem Fokus auf die praktische Umsetzbarkeit mit pragmatischen Leit- und Umsetzungsfragen begleitet. So kann man nicht nur schnell das Verstandene überprüfen, sondern auch die Übertragbarkeit auf die eigene Umgebung. Ein wirklich praktischer Ratgeber für viele Führungskräfte.*«

Christina Gemsa,
Director Human Resources,
Parfümerie Douglas GmbH

»*Dieses eindrückliche Buch hat mich durch seine Prägnanz, Substanz und Praxisorientierung sehr überzeugt. Es zeigt die wirklich wesentlichen Prinzipien guter Führung auf. Besser kann man Leadership nicht auf den Punkt bringen. Meines Erachtens ist dieses Buch eine Pflichtlektüre für alle Führungskräfte.*«

Stefan Marti,
Leiter Management Development,
AXA Winterthur

»*Dieses Buch liefert viele Einsichten und praktische Rahmen-modelle für erfolgreiches Management in unterschiedlichsten Situationen. Es zeigt uns einfache Schritte, mit denen man grundlegende Strategien für Unternehmenserfolg im komplexen Kontext aufbauen kann. So kann man sich optimal in einem sich heute ständig ändernden Business-Umfeld aufstellen.*«
Pierre O. Botteron,
Vice President Human Resources,
Swissôtel Hotels & Resorts

»*Stephen R. Covey ist die größte lebende Leadership-Legende. Erneut gibt er sein Wissen und seine Methoden weiter. Er verrät uns, was zu tun ist, um auch in unsicheren Zeiten außergewöhnlich erfolgreich zu sein. Dieses Buch ist eine vielversprechende Blaupause für Führen unter neuen Bedingungen.*«
Prof. Dr. med. Peter P. Pramstaller,
Direktor, Institut für Genetische Medizin,
Europäische Akademie Bozen

Über FranklinCovey

Unser Leitbild

Wir befähigen Menschen und Organisationen
zu wahrer Größe – überall auf der Welt.

FranklinCovey (NYSE: FC) ist das weltweit führende Beratungs- und Trainingsunternehmen für die Themen Strategieumsetzung, Kundenloyalität, Führung, Vertrauen und individuelle Effektivität. FranklinCovey ist in über 140 Ländern vertreten und berät Unternehmen und Organisationen aller Größen und Branchen.

Weitere Informationen finden Sie unter:
www.franklincovey.com/tc.

Im deutschsprachigen Raum wird FranklinCovey durch die Leadership Institut GmbH mit Büros in Deutschland, Österreich und der Schweiz vertreten. Das Leadership Institut bietet das Beratungs- und Trainingsspektrum von FranklinCovey in deutscher Sprache – angepasst an unsere kulturellen Anforderungen.

Zum Thema »Führung« bieten wir maßgeschneiderte Beratung, firmeninterne Workshops, öffentliche Workshops,

Tools, Vorträge und Trainerausbildungen. Sie erfahren mehr über das Angebot von FranklinCovey im deutschsprachigen Raum rund um das Thema »Führung« unter: www.fuehren. franklincovey.de.

FranklinCovey Deutschland
Leadership Institut GmbH
Bavariafilmplatz 3
D-82031 Grünwald
+ 49 (89) 45 21 48 - 0
info@franklincovey.de
www.franklincovey.de

FranklinCovey Österreich
Leadership Institut GmbH
Parkring 10
A-1010 Wien
+ 43 (1) 320 16 22
info@franklincovey.at
www.franklincovey.at

FranklinCovey Schweiz
Leadership Institut GmbH
Bogenstrasse 7 / Postfach
CH-9001 St.Gallen
+ 41 (71) 277 19 33
info@franklincovey.ch
www.franklincovey.ch

Über die Autoren

Dr. Stephen R. Covey, international anerkannter Experte zum Thema »Führung«, hat sich als Dozent, Autor und Unternehmensberater einen Namen gemacht. Der Mitbegründer und Vice Chairman von FranklinCovey Co. ist der Verfasser des internationalen Bestsellers *Die 7 Wege zur Effektivität,* den das Magazin *Chief Executive* zu den einflussreichsten Wirtschaftsbüchern der letzten 100 Jahre zählt. Das Buch, von dem bisher weltweit fast 20 Millionen Exemplare verkauft wurden, steht auch nach 20 Jahren noch auf den meisten Bestsellerlisten.

Stephen R. Covey studierte an der Harvard University Betriebswirtschaft und promovierte an der Brigham Young University, wo er anschließend eine Professur für Organizational Behavior innehatte. In den letzten 40 Jahren hat er Millionen von Menschen – darunter Staatsoberhäupter und Konzernchefs – die Prinzipien vermittelt, von denen die Effektivität von Einzelpersonen und Organisationen abhängt. Er und seine Frau Sandra leben in den Rocky Mountains in Utah.

Bob Whitman ist Chairman of the Board und CEO von Franklin-Covey. Nach seinem Studium an der Harvard University war er Chief Financial Officer bei dem Projektentwicklungs-Unternehmen Trammell Crow Group. Später spezialisierte er sich als President der Hampstead Group, einer Private-Equity-Firma, darauf, Hotels und ähnliche Unternehmen bei ihrem Wachstum zu unterstützen. Er war Bord Member bei den Windham Hotels und Resorts und CEO bei der Forum Group Inc., die heute Teil von Marriott International ist.

Whitman kam zu FranklinCovey, weil ihn dessen Mission faszinierte. Seit Januar 2000 leitet er FranklinCovey als Chairman und CEO. Seitdem hat er Hunderte von FranklinCovey-Kundenorganisationen analysiert, um herauszufinden, wie man außergewöhnliche Ergebnisse und »wahre Größe« erreichen kann. Whitman ist passionierter Bergsteiger und hat bereits neun Mal erfolgreich am Hawaii Ironman World Triathlon teilgenommen. Er ist Vater von zwei Kindern und lebt mit seiner Frau in Salt Lake City, Utah.

Dr. Breck England, der sich als »Architekt für intellektuelles Eigentum« bezeichnet, entwickelt bei FranklinCovey Lösungen für Kunden, mit denen sie ihre Effektivität auf Weltklasseniveau bringen. Seit 20 Jahren berät er einige der weltgrößten Konzerne dabei, effektiver bei der Führung und Kommunikation zu werden.

Bevor er zu FranklinCovey kam, war Dr. England Vice President für intellektuelles Eigentum bei FranklinQuest und Director of Consulting bei Shipley Associates, einer international tätigen Firma für Kommunikationstraining. Der Doktor der Kommunikationswissenschaft war sieben Jahre lang Dozent für Unternehmensführung und -strategien an der Marriott School der Brigham Young University. Er lebt mit seiner Frau im Norden von Utah.

Die Covey-Bibliothek

GABAL

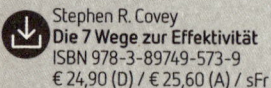

Stephen R. Covey
Die 7 Wege zur Effektivität
ISBN 978-3-89749-573-9
€ 24,90 (D) / € 25,60 (A) / sFr 42,90

Stephen R. Covey
Der 8. Weg
ISBN 978-3-89749-574-6
€ 29,90 (D) / € 30,80 (A) / sFr 48,90

S. M. R. Covey, R. R. Merrill
Schnelligkeit durch Vertrauen
ISBN 978-3-89749-908-9
€ 29,90 (D) / € 30,80 (A) / sFr 48,"

Stephen R. Covey
Die 7 Wege zur Effektivität für Familien
ISBN 978-3-89749-728-3
€ 29,90 (D) / € 30,80 (A) / sFr 48,90

Sean Covey
Die 7 Wege zur Effektivität für Jugendliche
ISBN 978-3-89749-663-7
€ 29,90 (D) / € 30,80 (A) / sFr 48,90

Sean Covey
Die 6 wichtigsten Entscheidungen für Jugendliche
ISBN 978-3-89749-847-1
€ 29,90 (D) / € 30,80 (A) / sFr 48,9

Stephen R. Covey
Die 7 Wege zur Effektivität
ISBN 978-3-89749-624-8
€ 49,90 (D) / € 50,40 (A) / sFr 81,00

Stephen R. Covey
Der 8. Weg
ISBN 978-3-89749-688-0
€ 59,90 (D) / € 60,50 (A) / sFr 96,90

Stephen R. Covey
Die 7 Wege zur Effektivität für Manager
ISBN 978-3-89749-890-7
€ 29,90 (D) / € 30,20 (A) / sFr 48,90

Stephen R. Covey
Die 7 Wege zur Effektivität für Familien
ISBN 978-3-89749-889-1
€ 59,90 (D) / € 60,50 (A) / sFr 96,90

Sean Covey
Die 7 Wege zur Effektivität für Jugendliche
ISBN 978-3-89749-825-9
€ 49,90 (D) / € 50,40 (A) / sFr 81,00

Stephen R. Covey
Focus: Achieving Your Highest Priorities
ISBN 978-3-86936-031-7
€ 29,90 (D) / € 30,20 (A) / sFr 48,90

Weitere Informationen finden Sie unter www.gabal-verlag.de

Management – fundiert und innovativ

Business-Bücher für Erfolg und Karriere

Hartmut Laufer
Grundlagen erfolgreicher Mitarbeiterführung
ISBN 978-3-89749-548-7
€ 19,90 (D) / € 20,50 (A) /
sFr 33,90

Hans-Jürgen Kratz
Stolpersteine in der Mitarbeiterführung
ISBN 978-3-86936-012-6
€ 19,90 (D) / € 20,50 (A) /
sFr 33,90

Brigitte Scheidt
Neue Wege im Berufsleben
ISBN 978-3-89749-921-8
€ 19,90 (D) / € 20,50 (A) /
sFr 33,90

Josef W. Seifert
Moderation und Konfliktklärung
ISBN 978-3-86936-011-9
€ 17,90 (D) / € 18,50 (A) /
sFr 31,90

Hanspeter Reiter
Effektiv telefonieren
ISBN 978-3-89749-860-0
€ 17,90 (D) / € 18,50 (A) /
sFr 31,90

Rolf Meier
Projektmanagement
ISBN 978-3-86936-016-4
€ 17,90 (D) / € 18,50 (A) /
sFr 31,90

Josef W. Seifert
Visualisieren, Präsentieren, Moderieren
ISBN 978-3-930799-00-8
€ 17,90 (D) / € 18,50 (A) /
sFr 31,90

R. Meier, E. Engelmeyer
Zeitmanagement
ISBN 978-3-86936-017-1
€ 17,90 (D) / € 18,50 (A) /
sFr 31,90

Nikolaus B. Enkelmann
Optimismus ist Pflicht!
ISBN 978-3-86936-014-0
€ 20,90 (D) / € 21,50 (A) /
sFr 35,90

Christiane Dierks
Erkennbar besser sein
ISBN 978-3-89749-920-1
€ 19,90 (D) / € 20,50 (A) /
sFr 33,90

M. Hartschen, J. Scherer, C. Brügger
Innovationsmanagement
ISBN 978-3-86936-015-7
€ 19,90 (D) / € 20,50 (A) /
sFr 33,90

I. Moser-Will, I. Grube
Denkspiele
ISBN 978-3-86936-013-3
€ 19,90 (D) / € 20,50 (A) /
sFr 33,90

Weitere Informationen finden Sie unter www.gabal-verlag.de

GABAL: Ihr „Netzwerk Lernen" – ein Leben lang

Ihr Gabal-Verlag bietet Ihnen Medien für das persönliche Wachstum und Sicherung der Zukunftsfähigkeit von Personen und Organisationen. „GABAL" gibt es auch als Netzwerk für Austausch, Entwicklung und eigene Weiterbildung, unabhängig von den in Training und Beratung eingesetzten Methoden: GABAL, die **G**esellschaft zur Förderung **A**nwendungsorientierter **B**etriebswirtschaft und **A**ktiver **L**ehrmethoden in Hochschule und Praxis e.V. wurde 1976 von Praktikern aus Wirtschaft und Fachhochschule gegründet. Der Gabal-Verlag ist aus dem Verband heraus entstanden. Annähernd 1.000 Trainer und Berater sowie Verantwortliche aus der Personalentwicklung sind derzeit Mitglied.

Die Mitgliedschaft gibt es quasi ab 0 Euro!
Aktive Mitglieder holen sich den Jahresbeitrag über geldwerte Vorteil zu mehr als 100% zurück: Medien-Gutschein und Gratis-Abos, Vorteils-Eintritt bei Veranstaltungen und Fachmessen. **Hier treffen Sie Gleichgesinnte, wann, wo und wie Sie möchten:**

- Internet: Aktuelle Themen der Weiterbildung im Überblick, wichtige Termine immer greifbar, Thesen-Papiere und gesichertes Know-how inform von White-papers gratis abrufen
- Regionalgruppe: auch ganz in Ihrer Nähe finden Treffen und Veranstaltungen von GABAL statt – Menschen und Methoden in Aktion kennen lernen
- Jahres-Symposium: Schnuppern Sie die legendäre „GABAL-Atmosphäre" und diskutieren Sie auch mit „Größen" und „Trendsettern" der Branche.

Über Veröffentlichungen auf der Website (Links, White-papers) steigen Mitglieder „im Ansehen" der Internet-Suchmaschinen.
Neugierig geworden? Informieren Sie sich am besten gleich!

Lernen Sie das Netzwerk Lernen unverbindlich kennen.
Die aktuellen Termine und Themen finden Sie im Web unter **www.gabal.de**.
E-Mail: info@gabal.de.

Telefonisch erreichen Sie uns per 06132.509 50-90.

„Es ist viel passiert, seit Gründung von GABAL: Was 1976 als Paukenschlag begann, ... wirkt weit in die Bildungs-Branche hinein: Nachhaltig Wissen und Können für künftiges Wirken schaffen ..."
(Prof. Dr. Hardy Wagner, Gründer GABAL e.V.)